Elementare Elektrizitätslehre

Von

Dr. Georg Heußel
Studienrat

I. TEIL

Einführung – Grundbegriffe – Das Ohmsche Gesetz

München und Berlin 1942
Verlag von R. Oldenbourg

Dem Andenken
BENJAMIN FRANKLINS

Vorwort.

Dem Jahresbericht des Hessischen Realgymnasiums zu Gießen über das Schuljahr 1927/28 lag eine kleine Abhandlung von mir bei: Aufgabe, Stoff und Methode des Unterrichts in der Elektrizitätslehre. Sie ist geschrieben ganz unter dem Eindruck, den das damals in erster Auflage bei Julius Springer erschienene Buch, R. W. Pohl, Einführung in die Elektrizitätslehre, auf mich gemacht hatte. Die Methodik der Elektrizitätslehre war immer umstritten. Daß die Darstellungen in unsern Schulbüchern, aber auch in den Werken über Didaktik und Methodik des physikalischen Unterrichts so wenig befriedigen, liegt sicher zum großen Teil an dem allzu starren Festhalten an der historischen Methode. Man begann eben mit dem geriebenen Bernstein als dem „elektrischen Adam" und übersah dabei vollkommen, daß man dabei dem Schüler Steine statt Brot gab. Unsere Jugend wird heute auf ganz anderm Wege mit elektrischen Erscheinungen bekannt als über Bernstein, Katzenfell und Hartgummistab und kommt mit einer Überfülle von Erfahrungen auf elektrischem Gebiet und einem Drang nach Klarheit und Erkenntnis in die Hand des Physiklehrers, sodaß es geradezu pädagogisch widersinnig erscheint, nun, statt an die dem Schüler bekannten Erscheinungen anzuknüpfen, mit Beobachtungen zu beginnen, die einmal die alten Griechen gemacht haben. Die hergebrachte Methode mochte aber noch so wenig zufriedenstellen, sie mochte einer Zeit entsprechen, wo noch der Herr Konrekter Äpinus „mit sinen Pick- und Horzkasten unner den Arm und den Voßswanz in de Hand" über den Schloßplatz wandelte, sobald von irgend einer Seite ein Vorschlag zur Änderung erfolgte, glaubte sich die Tradition in ihren heiligsten Gütern bedroht. Ich empfehle nur einmal als Beispiel den Aufsatz zu lesen: Die drei Grundversuche der Elektrizitätslehre von E. Orlich und die Erwiderung darauf: Zum Unterricht in der Elektrizitätslehre von Hofrat Dr. Karl Rosenberg, lit. ord. Universitätsprofessor in Graz, beide im Jahrgang 1923 der Poskeschen Zeischrift (Seite 73 und 145).

Bei dieser Lage der Dinge konnte eine Wandlung nur durch eine anerkannte Autorität kommen. Der große Erfolg des Pohlschen Buches, seine Verbreitung in über 10000 Exemplaren, die Übersetzung in die englische, italienische und russische Sprache bestätigen die Tatsache, daß sein Erscheinen einem wirklichen Bedürfnis entsprach, und das empfand jeder, der nach der alten Methode einmal unterrichtet hatte. Schon die Überwindung der alten Maßsysteme bringt unserer Jugend eine gewaltige Entlastung des Gedächtnisses und macht dafür eine Menge von Zeit und Kraft für wertvolle Erkenntnisse frei.

Das Pohlsche Buch ist nicht für Schüler geschrieben. Die „Elementare Elektrizitätslehre", deren ersten Teil ich hiermit der Öffentlichkeit übergebe, ist ein bescheidener Versuch, die Pohlsche Methode dem Unterricht an den höheren Schulen nutzbar zu machen, sie ist das Ergebnis eines mehrjährigen Physikunterrichts auf der Mittel- und Oberstufe des Gießener Realgymnasiums. Eingeteilt ist der Lehrgang nach den Forderungen, die einst E. Orlich in dem oben erwähnten Aufsatz aufgestellt hat. So bringt der erste Teil nach Erarbeitung der Grundbegriffe das Strömungsfeld, der zweite, der sich zurzeit im Druck befindet, behandelt das elektrische Feld und den Leitungsvorgang, dem dritten ist das magnetische Feld an sich und im Zusammenhang mit dem Früheren vorbehalten.

Bei der Abfassung konnte ich der Versuchung nicht widerstehen, einmal von vornherein einen Weg einzuschlagen, in den heute jede Behandlung der Elektrizitätslehre doch früher oder später einmünden muß. Ich habe unter frühzeitiger Einführung der Elektronen eine rein unitarische Darstellung gewählt (vergl. meinen Aufsatz in der Praktischen Schulphysik, Jahrgang 1932, Heft 1). Den Vorteil dieses Verfahrens sehe ich nicht nur darin, daß die unitarische Auffassung unserer heutigen Erkenntnis mehr entspricht als die dualistische. Vielmehr gewinnt bei unitarischer Auffassung die Elektronenphysik soviel Ähnlichkeit mit der Physik der Gase, daß ein großer Teil des Geheimnisvollen, das sich seither für viele mit dem Begriff „Elektrizität" verband, verschwindet. Es werden dadurch eine ganze Reihe „Parallelversuche" möglich, und von diesen habe ich reichlich — für manchen Leser vielleicht schon zu reichlich — Gebrauch gemacht. Dabei kommt es mir besonders darauf an, nur solche Parallelversuche heranzuziehen, die nicht nur auf dem Papier bleiben, sondern die sich auch wirklich mit einfachen Mitteln ausführen lassen. Man kann viel für und gegen Analoga anführen, aber sie lassen sich nicht vermeiden, und wenn man den Schüler auch beizubringen versucht: „der elektrische Strom ist der Ausgleich einer Zustandsverschiedenheit", er stellt sich beim Wort „Strom" doch etwas Körperliches vor, das eben „strömt". In unserer Terminologie stecken nur zuviel Analoga, leider sogar falsche.

Die Herausgabe des Werkchens in der heutigen Zeit war nur dadurch möglich, daß der Verlag seine reichen Vorräte an Abbildungen neuzeitlicher Apparate und seine Einrichtungen zur Herstellung und Vervielfältigung der Schaltskizzen zur Verfügung stellte. Dafür sage ich dem Phywe-Verlag in Göttingen meinen herzlichen Dank. Ebenso danke ich dem Verlag von Julius Springer für die Überlassung einiger vortrefflicher Abbildungen aus dem Pohlschen Buch, auch den Firmen Gebrüder Ruhstrat AG. und Spindler & Hoyer G. m. b. H. in Göttingen gebührt mein Dank für ihre Unterstützung mit Abbildungen und Apparaten. Wertvoll war mir die Mitarbeit meines jungen Kollegen, des Herrn Studienreferendars Schmelz, besonders bei der Ausarbeitung der Parallelversuche und ihrer Erprobung im Unterricht.

Den Zweck des Büchleins habe ich oben gekennzeichnet. Diese elementare Darstellung soll und kann nicht im geringsten das Werk des Meisters ersetzen. Wenn es seiner genialen Methode die Tore der höheren Schule öffnen hilft, hat es seinen Zweck erfüllt.

Gießen, im Januar 1932.

Dr. Georg Heußel.

Inhaltsangabe.

I. Grundbegriffe.

§ 1. Druck, Spannung, Strom.

Im Physikzimmer endigen verschiedene Leitungen. Drehen wir den Wasserhahn auf, so kommt aus der Wasserleitung Wasser; aus der Gasleitung kommt Gas. Die Ursache, daß Wasser und Gas strömen, ist der in der Leitung vorhandene Druck.

In der Steckdose an der Wand oder am Experimentiertisch endigt die Elektrizitätsleitung. In ihr ist Elektrizität. Wir wissen: Wenn die Elektrizität durch eine Glühbirne fließt, dann glüht der Draht in der Birne. Wir sagen dann: Durch die Birne fließt ein elektrischer Strom. Um uns die Bedingungen klar zu machen, unter denen ein elektrischer Strom durch die Birne zu stande kommt, machen wir einen Parallelversuch mit Gas.

Durch den Stopfen einer Flasche (Abbildung 1) führen zwei Glasröhren. Die eine reicht bis unten hin, sie endigt unterhalb der Oberfläche einer Wasserschicht, die andere endigt oben und hat einen zunächst geschlossenen Hahn.

Jene verbinden wir durch einen Gummischlauch mit der Gasleitung und öffnen den Gashahn.

Erst wenn wir den Hahn an der Flasche öffnen, strömt Gas durch die Flasche. Wir sehen im Wasser Gasblasen aufsteigen.

Eine Glühbirne schrauben wir in eine Fassung. Diese hat zwei „Pole".

Den einen Pol verbinden wir durch einen Kupferdraht mit der einen Buchse der Steckdose.

Erst wenn wir der Elektrizität einen Abfluß schaffen, kann sie strömen. Wir verbinden darum den andern Pol durch einen weiteren Draht mit der Wasserleitung. Wir sehen, jetzt glüht der Draht in der Birne.

Damit also durch die Birne ein elektrischer Strom fließen kann, muß neben dem Zufluß auch ein Abfluß vorhanden sein. Die Ursache des Strömens, die wir beim Gas Druck nannten, heißt bei der Elektrizität „Spannung". Als Abfluß können wir auch die Gasleitung oder die Zentralheizung benutzen. Auch ein Draht, den wir zum Fenster hinausführen und um einen in die Erde geschlagenen dicken Nagel wickeln, kann als Ableitung dienen. Wir stellen zusammen:

	Wasser.	Gas.	Elektrizität.
Leiter:	Bleirohr.	Eisenrohr.	Kupferdraht.
Ursache:	Druck.	Druck.	Spannung.
Ergebnis:	Wasserstrom.	Gasstrom.	Elektrizitätsstrom.
Abfluß:	In den Kanal, den Fluß und schließlich ins Meer.	Ins Luftmeer.	In die Erde.

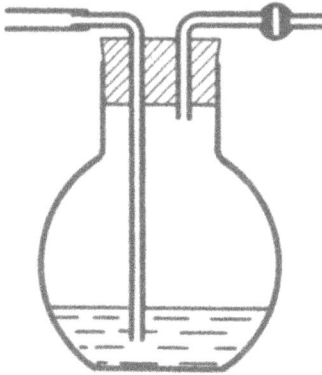

−1−

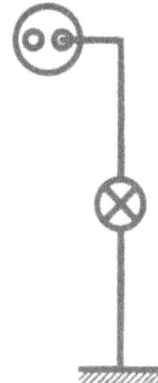

−2−

Für die Technik unserer Versuche merken wir uns: Als Stromanzeiger benutzen wir die Glühbirne. Ihr Schaltsymbol findet sich in Abbildung 2. Ebenso enthält Abbildung 2 ein Zeichen für die Erde, das auch immer

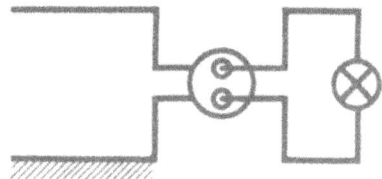

−3−

wiederkehren wird. Abbildung 3 zeigt, wie in bekannter Weise eine Tischlampe zum Leuchten gebracht wird.

§ 2. Anzeiger für Druck und Spannung.

Druck und Spannung haben gemeinsam, daß sie einen Strom erzeugen können. Wir werden jetzt Apparate kennen lernen, mit denen man das Vorhandensein von Druck oder Spannung nachweisen kann.

Zum Nachweis des Gasdruckes benutzen wir das bekannte Wassermanometer[1]). Abbildung 4 stellt ein U-förmig gebogenes Glasrohr dar; in ihm befindet sich gefärbtes Wasser.

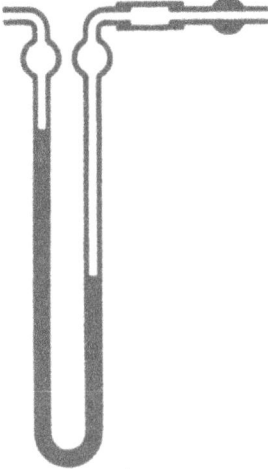

Versuch: Den einen Schenkel verbinden wir mit der Gasleitung und öffnen den Hahn, der andere Schenkel ist offen. Wir beobachten: Das Wasser im offenen Schenkel steht höher als im andern. Wir sagen: Das Manometer schlägt aus und zeigt durch seinen Ausschlag an, daß in der Gasleitung höherer Druck herrscht als im Luftmeer. Wir sprechen daher im folgenden auch von „Überdruck". Wir entwickeln jetzt den entsprechenden Apparat für die Elektrizität.

Versuch: Unten an die Schale einer „hydrostatischen Waage" (Abbildung 5) hängen wir eine Aluminiumplatte A und bringen die Waage ins Gleichgewicht. Dann kommt unter A eine geradeso große Aluminiumplatte B, sodaß der Abstand zwischen A und B 1 bis 2 mm beträgt. Die Platten dürfen sich nirgends berühren. Wir verbinden A über den Waagebalken und die Säule mit der Erde, B über eine Glühlampe (ja nicht vergessen!) mit der

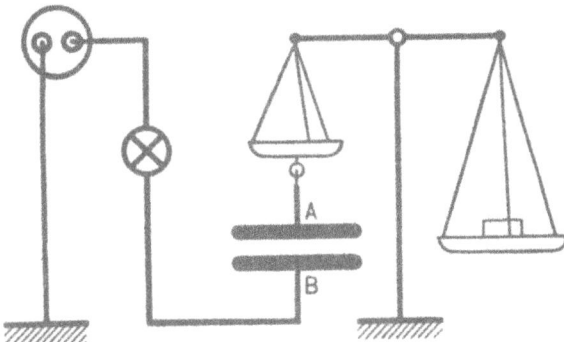

−4−

−5−

---

[1]) Eigentlich müßten wir hier „Manoskop" sagen, da es sich nur um einen Druck-„Anzeiger" handelt. Aus dem Manoskop wird erst ein Manometer, wenn eine Skala angebracht wird, mit der man den Druck auch messen kann.

Leitung. Die Waage schlägt jetzt aus, die Platten berühren sich, und die Lampe leuchtet auf. Dasselbe tritt ein, wenn wir A mit der Leitung und B mit der Erde verbinden.

Der Versuch läßt sich etwas bequemer mit der besonderen Form einer Waage ausführen, die unsere Abbildung 6 zeigt. Ganz einfacher Mittel bedarf folgende Versuchsanordnung: In ein Glasgefäß (Schutz gegen Luftzug) werden von oben zwei etwa 1 cm breite Stanniolstreifen A und B parallel eingehängt. Sie werden von dicken Drähten getragen, die in Holtzsche Fußklemmen eingespannt sind. Die Streifen werden auf 1 bis 2 mm einander genähert, und im übrigen verfährt man wie oben (Projektion).

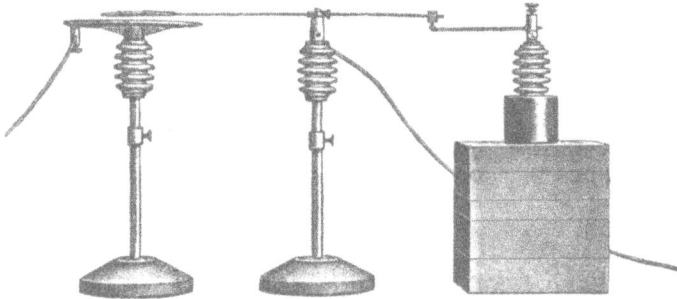

Spannungswaage.
−6−

Die Versuche zeigen uns: Ein Körper, der mit der spannungführenden Leitung verbunden ist, und ein geerdeter Körper ziehen sich gegenseitig an.

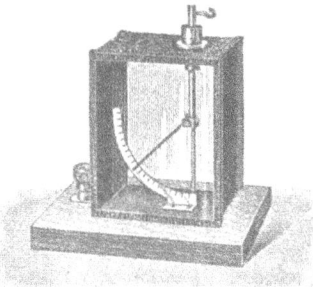

Elektrometer.
−7−

Die nächste Aufgabe ist jetzt, diesem „Spannungsanzeiger" eine technisch brauchbare Form zu geben. A wird umgeformt zu einem Blechgehäuse (Abbildung 7), es trägt oben einen Stopfen aus Bernstein oder Hartgummi, durch diesen ist ein Stab geführt, und daran hängt B in der Form eines dünnen Blättchens aus Aluminium. Das Gehäuse ist vorn und hinten durch Glas abgeschlossen, um das Blättchen vor Luftzug zu schützen. A und B ziehen sich gegenseitig an, wenn die Bedingungen der obigen Versuche erfüllt sind. Nur der Zeiger B kann sich bewegen, er nähert sich etwas dem Gehäuse: Das „Elektroskop", so heißt das Instrument, schlägt aus. Dabei ist es wie oben einerlei, ob die Blättchen oder das Gehäuse geerdet sind. Meistens wird das Gehäuse geerdet.

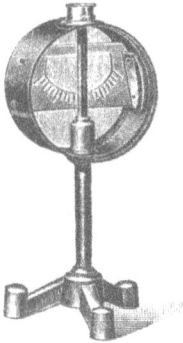

Elektroskop mit zwei Blättchen.
—8—

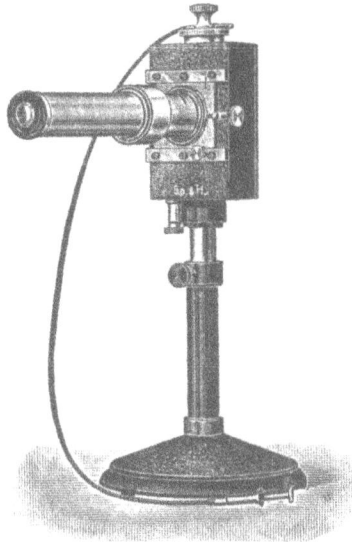

Zweifadenelektrometer.
—9—

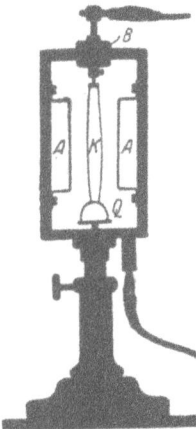

Bau des Zweifadenelektrometers.
—10—

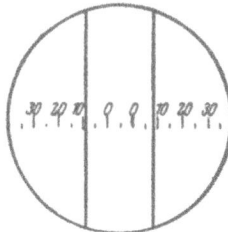

Gesichtsfeld des Zweifadenelektrometers.
—11—

Elektroskop „ohne Gehäuse".
—12—

Bei andern Ausführungsformen sind zwei Blättchen (Abbildung 8) vorhanden, die vom Gehäuse angezogen auseinanderspreizen. Einfache Schattenprojektion macht den Ausschlag weithin sichtbar. Bei dem vortrefflichen Zweifadenelektrometer (Abbildung 9) sind

die Blättchen ersetzt durch zwei äußerst dünne Platinfäden, die
durch einen Quarzbügel von unten gespannt werden. (Abbildung 10.) Die Fäden lassen sich durch Mikroprojektion sichtbar
machen (Abbildung 11). Bei manchen Formen fehlt auch das Gehäuse;
das ist aber nur Schein; denn das Gehäuse ist dann einfach das
Zimmer (Abbildung 12). Die Wände und der Zeiger (Strohhalm
oder Aluminiumstab) ziehen sich gegenseitig an. Solche Elektroskope sind zwar unempfindlich, aber brauchbar. Verboten gehören
dagegen Elektroskope mit Glashülle, bei ihnen weiß man nie,
ob das Glas oder die Zimmerwände das Gehäuse bilden; Ver-
suchsergebnisse können dadurch sehr entstellt werden. Die Abbildungen 13 geben Schaltsymbole für das Elektroskop.

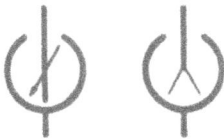

Schaltsymbole für Elektroskop
später auch für Elektrometer.
−13−

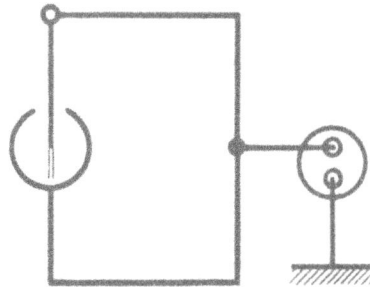

−15−

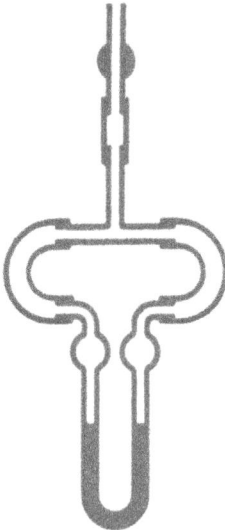

−14−

Verstellbare Holtsche Fußklemme.
−16−

Parallelversuche.

Nach Abbildung 14 verbinden wir mittels eines T-Stücks und dreier Gummischläuche beide Enden des Manometers mit der Gasleitung. Das Manometer schlägt nicht aus.

Nach Abbildung 15 verbinden wir mittels dreier Kupferdrähte und einer Holtzschen Fußklemme (Abbildung 16) Blättchen und Gehäuse mit der Steckdose. Das Elektroskop schlägt nicht aus.

Ergebnis:

Das Manometer schlägt nicht aus, wenn in beiden Schenkeln derselbe Druck herrscht.

Das Elektroskop schlägt nicht aus, wenn auf den Blättchen und dem Gehäuse dieselbe Spannung herrscht.

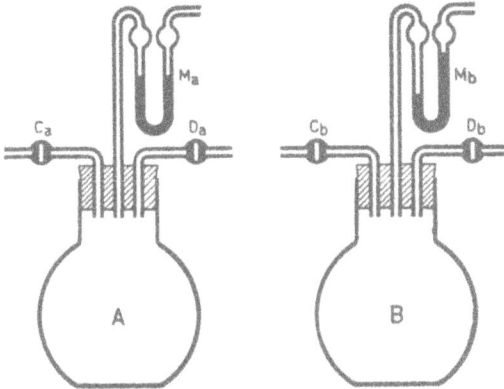

−17−

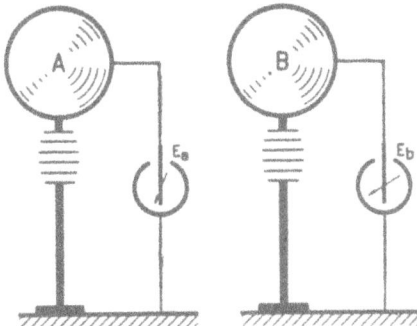

Elektroskope nach Abildung 7 oder 8.

−18−

Für den Gebrauch des Elektroskops merken wir uns: Wie der eine Schenkel des Manometers mit dem Luftmeer verbunden ist, so verbinden wir das Gehäuse des Elektroskops mit der Erde.

§ 3. Versuche über Druck und Spannung.

Druck.

Zwei gleiche Flaschen A und B (Abbildung 17) sind durch Gummistopfen verschlossen. Durch jeden führen zwei Glasröhren mit Hahn (C_a, D_a, C_b, D_b) und eine dritte Röhre, die durch einen Gummischlauch mit einem Manometer (M_a und M_b) verbunden ist.

Der freie Manometerschenkel ist offen.

Flasche A wird bei D_a durch einen Gummischlauch mit der Gasleitung verbunden. Beide Hähne sind zunächst offen. Wenn das Gas bei C_a ausströmt, wird erst D_a und dann C_a geschlossen.

Genau so verfahren wir mit B, nur wird zuerst C_b und dann D_b geschlossen.

M_a schlägt nicht aus.

M_b schlägt aus.

C_b wird geöffnet:

Der Ausschlag von M_b verschwindet.

Spannung.

Zwei gleiche Metallkugeln A und B (Abbildung 18) sind durch Porzellan isoliert. Jede ist mit einem Elektroskop (E_a und E_b) verbunden.

Das Elektroskopgehäuse ist geerdet.

A wird durch einen Kupferdraht mit der Elektrizitätsleitung verbunden, gleichzeitig mit dem Finger berührt, und dann wird zuerst der Draht und danach der Finger weggenommen.

Genau so wird Kugel B behandelt, nur wird zuerst der Finger, dann der Zuleitungsdraht entfernt.

E_a schlägt nicht aus.

E_b schlägt aus.

B wird mit dem Finger berührt.

Der Ausschlag von E_b verschwindet.

Erklärungen.

Nach dem Schließen von D_a fließt bei C_a noch soviel Gas aus, daß in A kein Überdruck mehr herrscht.

Nach Schließen von D_b herrscht in B noch derselbe Druck wie in der Gasleitung. Gegen A ist in B ein Überschuß von Gas vorhanden, und dieser verursacht den Überdruck.

Beim Öffnen von C_b fließt der Überschuß ab, und der Überdruck verschwindet.

Grundfalsch wäre der Schluß: Kein Ausschlag, also kein Gas in der Flasche.

Dagegen dürfen wir schließen: Ausschlag, also Gas im Überschuß.

Nach Trennung von der Leitung fließt noch soviel Elektrizität durch den Finger ab, bis auf A keine Überspannung mehr herrscht.

Nach Abnahme der Verbindung mit der Leitung herrscht auf B dieselbe Spannung wie in der Leitung. Gegen A ist in B ein Überschuß an Elektrizität vorhanden, dieser verursacht die Überspannung.

Beim Berühren mit dem Finger fließt der Überschuß ab, und die Überspannung verschwindet.

Wir wollen vorsichtig sein und sagen: Ausschlag des Elektroskopes bedeutet nur: es ist Überschuß von Elektrizität vorhanden. Dieser fließt, wenn er Gelegenheit hat, zur Erde ab. Ob außer diesem Überschuß, der die Spannung verursacht, noch Elektrizität auf B ist, dieser Frage treten wir jetzt näher.

§ 4. Herkunft der Elektrizität.

Die Wasserleitung kommt vom Wasserwerk. Das Wasser ist vorhanden. Pumpen heben es in die Höhe, dadurch bekommt es Druck. (Schweredruck, Gefälle.)

Die Gasleitung kommt vom Gaswerk. Das Gas wird aus Kohle erzeugt. Im Gasometer bekommt es Druck (Stempeldruck). Das Gasometer ist eine große Pumpe, der Kolben ist fest, der Stiefel beweglich.

Die Elektrizitätsleitung kommt vom Elektrizitätswerk. Wir fragen: Wird die Elektrizität im Elektrizitätswerk erzeugt? Wie wird die Elektrizität auf Spannung gebracht?

Soll eine Pumpe Wasser liefern, so muß sie durch ein Rohr, das Saugrohr, mit dem Grundwasser verbunden sein. Die großen Maschinen auf dem Elektrizitätswerk haben eine Verbindung mit dem Erdboden. Wir sahen früher, daß Elektrizität nach der Erde abfloß. Es ist also anzunehmen, daß im Erdboden Elektrizität ist.

Versuch: Mit einem Stück „Schaumgummi" (aufgelockertem Zellkautschuk) wischen wir über den Experimentiertisch und bringen es dann auf das Elektroskop: Das Elektroskop schlägt aus. Offenbar haben wir von der Tischplatte Elektrizität abgewischt. Wir wiederholen den Versuch und entnehmen Elektrizität der Wandtafel, dem Fußboden, den Zimmerwänden; der Versuch hat bei allen erreichbaren festen Körpern denselben Erfolg. Man kann also allen festen Körpern Elektrizität entnehmen, also müssen alle festen Körper Elektrizität enthalten. Wir sehen später, daß dies auch für die flüssigen Körper gilt. Wir brauchen also Elektrizität nicht zu erzeugen, genau so wenig wie wir Wasser erzeugen müssen. Wasserpumpen haben nur den Zweck, dem Wasser Druck zu geben. Auch die Luftpumpe (Fahrradpumpe) erzeugt keine Luft, sondern bringt sie nur auf Druck. Genau so ist es bei der Elektrizität: Die großen Maschinen auf dem Elektrizitätswerk haben nur den Zweck, der Elektrizität Spannung zu geben, es sind keine Elektrizitätserzeuger, sondern nur Spannungserzeuger, einfacher gesagt: Elektrizitätspumpen.

Wie diese Elektrizitätspumpen eingerichtet sind, werden wir später sehen.

Damit ist der Vergleich der Erde mit dem Meer vollständig. Die Erde, und zu ihr rechnen wir alle mit ihr verbundenen Körper,

enthalten große Mengen Elektrizität. Wir können der Erde
Elektrizität entnehmen, wir können Elektrizität in die Erde ab-
fließen lassen, ohne daß sich an ihrem Zustand etwas ändert,
genau so wie wir dem Meer Wasser entnehmen und zufügen
können, ohne daß wir eine Veränderung feststellen können.

Wir können also die Erde als das Elektrizitätsmeer bezeichnen.

Damit haben wir also die Frage vom Ende des vorigen
Paragraphen so zu beantworten: Ein Körper enthält auch dann
Elektrizität, wenn ein mit ihm verbundenes Elektroskop nicht
ausschlägt.

Wir zeigen dies noch einmal ausdrücklich an der Kugel A
der Abbildung 18. Wir trennen E_a ab, wischen über A mit dem
Schaumgummilappen und bringen diesen auf B, das wir vorher
mit dem Finger berührt haben. E_b schlägt von neuem aus. Ein
auf dem Schaumgummi sitzender Elektrizitätsüberschuß kann über
einer Gasflamme „abgespült" werden.

II. Der elektrische Strom.

§ 5. Gute und schlechte Leiter.

Parallelversuche.

Das Gefäß mit dem Manometer (Abbildung 17) wird bei D_a mit der Gasleitung verbunden (Abbildung 19). Der Hahn bei C_a ist zu, der bei D_a offen. Das Manometer schlägt aus. Wir schließen bei C_a eine Glasröhre von etwa 4 cm innerem Durchmesser und 20 cm Länge an. Ihre Enden sind mit Korken verschlossen, durch jeden führt ein engeres Glasrohr. Die Röhre ist mit Glasperlen gefüllt. Hahn D_a wird geschlossen, Hahn C_a geöffnet. Der Ausschlag verschwindet schnell. Wir wiederholen den Versuch, benutzen ein gleiches Glasrohr, nur füllen wir es mit feinem Sand. Der Ausschlag verschwindet langsam.

Wir benutzen ein mit Gipsmehl gefülltes Glasrohr. Erst nach einiger Zeit ist ein Rückgang des Ausschlages zu beobachten.

Die drei Röhren sind je nach ihrer inneren Beschaffenheit für Gas verschieden durchlässig.

Zwei Holtzsche Klemmen B und A versehen mit je einem Haken nach Abbildung 20 B verbinden wir mit einem Kupferdraht über eine Glühlampe mit der Erde, A mit dem Elektroskop E und einer Kugel K. Die Stielklemme D trägt einen Draht und ist mit der Steckdose verbunden. Wir bringen vorübergehend D in Verbindung mit A, sodaß das Elektroskop ausschlägt. Wir stellen jetzt eine Brücke mittels eines Messingstabes zwischen A und B her. Den Stab legen wir zuerst bei B und dann bei A auf. Der Ausschlag verschwindet schnell. Wir wiederholen den Versuch mit einem Holzstab. Der Ausschlag verschwindet langsam.

Wir benutzen Stäbe aus Glas, Porzellan, Hartgummi usw. Erst nach langer Zeit ist ein Zusammenfallen der Blättchen festzustellen.

Die verschiedenen Stoffe sind für Elektrizität verschieden durchlässig. Man sagt: Ihre Leitfähigkeit ist verschieden. Gute Leiter sind solche, bei denen der Elektrizitätsüberschuß und damit die Spannung sehr schnell verschwindet, schlechte Leiter lassen denselben Vorgang mehr oder weniger langsam verlaufen. Einen idealen „Isolator" gibt es nicht. Ebenso gibt es keine scharfe Grenze zwischen Leitern und Isolatoren. Was wir im folgenden Isolatoren nennen, wie Hartgummi, Paraffin, Schwefel, Bernstein, sind Stoffe, von so geringer Leitfähigkeit, daß wir diese vernachlässigen können. Isolatoren sind für die Elektrotechnik genau so wichtig, wie die ganz guten Leiter, Metalle, Kohle und dergl.

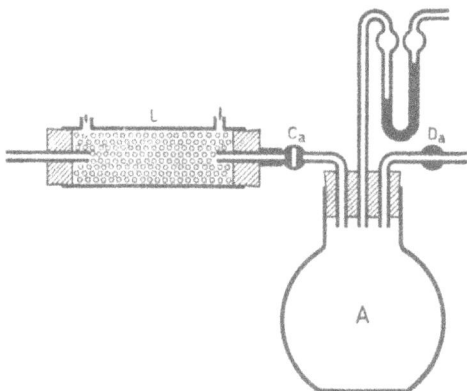

-19-

-20-

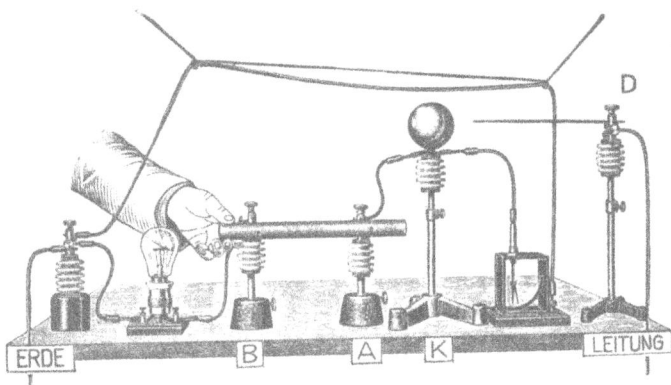

Prüfung fester Stoffe auf ihre Leitfähigkeit.

-21-

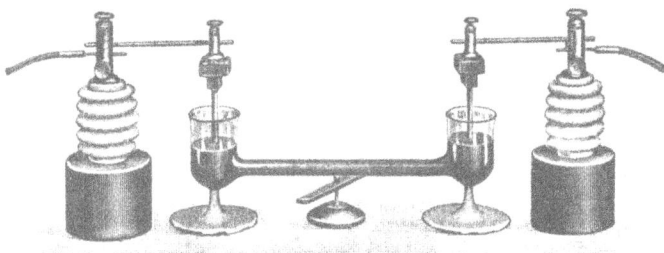

Prüfung einer Flüssigkeit auf ihre Leitfähigkeit.

Um auch Stoffe wie Wolle, Seide, Baumwolle auf ihre Leitfähigkeit zu untersuchen, verbinden wir die beiden Haken in dem
Versuch der Abbildung 20 durch Fäden aus ihnen und berühren
A mit D. Der Ausschlag hält nur so lange an, wie die Berührung
dauert, dann verschwindet er je nach der Leitfähigkeit schnell
oder langsam. (Das ist wie bei einem undichten Fahrradschlauch,
es gelingt zwar ihn aufzupumpen, hört man mit Pumpen auf, so
wird er wieder „platt".) Zur Untersuchung von Flüssigkeiten
bringt man sie vorteilhaft in ein Gefäß mit Elektroden, wie es
in Abbildung 21 dargestellt ist, und verfährt wie zuletzt.

§ 6. Dauerstrom.

Während im Versuch der Abbildung 19 der Ausschlag des Manometers
verschwindet, fließt Gas aus A ins
Luftmeer ab.

Dabei verschwindet der Druck, die
Ursache des Fließens. Der Strom hört
auf. Öffnen wir jedoch dauernd D_a,
so wird der Druck von der Gasleitung
her immer wieder erneuert, und es entsteht ein andauernder Gasstrom. Zündet
man das Gas am freien Ende der Röhre
L an, so brennt es mit gleichbleibender
Flamme.

Während im Versuch der Abbildung 20 der Ausschlag des Elektroskops
verschwindet, fließt Elektrizität von A
in die Erde ab.

Dabei verschwindet die Spannung,
die Ursache des Fließens. Der Strom
hört auf. Verbinden wir aber K dauernd
mit D, so liefern die Pumpen auf dem
Elektrizitätswerk immer wieder soviel
Elektrizität nach, daß die Spannung
dieselbe bleibt. Ist die Brücke ein Metall-
draht, so zeigt die eingeschaltete Glühlampe durch ihr gleichmäßiges Leuchten
an, daß ein andauernder Elektrizitäts-
strom fließt. Mit solchen anhaltenden
elektrischen Strömen haben wir uns im
folgenden Paragraphen zu beschäftigen.

§ 7. Wirkungen des elektrischen Stromes.

Luft und Wasser bringen nur dann größere Wirkungen hervor, wenn sie in Bewegung sind. Wir wollen im folgenden
Wirkungen der strömenden Elektrizität kennen lernen. Schon
im ersten Kapitel haben wir ein Kennzeichen des elektrischen
Stromes benutzt: Der Draht einer Glühlampe wird heiß und glüht.

a) Versuch: Den Draht der Glühbirne ersetzen wir durch einen
Eisendraht, den wir zwischen zwei Stielklemmen nach Abbildung 22
ausspannen. In die Mitte hängen wir einen Gewichtsteller und
merken uns den Durchhang des Drahtes mittels eines Zeigers.
Durch den Draht schicken wir unter Vorsichtsmaßregeln Elektrizität

Wir beobachten: Der Draht dehnt sich, fängt an zu rauchen und wird sogar glühend. Unterbrechen wir jetzt den Strom, so hebt sich wieder der Gewichtsteller. Bei einer Wiederholung des Versuches kann dadurch, daß wir den Strom stärker machen, der Draht bis zur Weißglut und zum Durchbrennen gebracht werden.

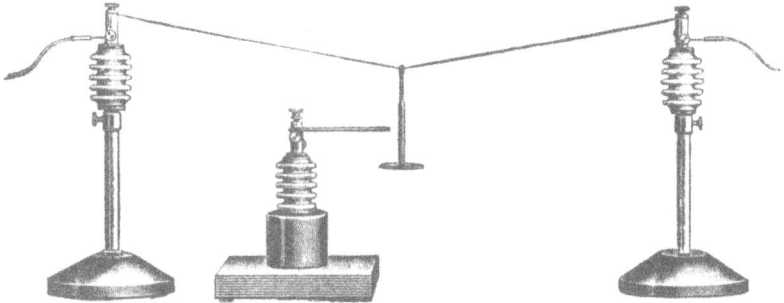

Wärmewirkung des elektrischen Stromes.
– 22 –

Der elektrische Strom hat also Wärwewirkungen, ein Leiter, durch den Elektrizität fließt, wird warm. Als bekannte technische Anwendungen dieser Wärmewirkung erwähnen wir: Glühbirne, elektrischen Ofen, Bügeleisen, Heizkissen. Um übermäßig große Erwärmung einer Leitung und die damit verbundene Brandgefahr zu vermeiden, schaltet man Schmelzsicherungen ein. Diese bestehen aus einem Metall mit niedrigem Schmelzpunkt. Im Falle der Gefahr schmilzt die Sicherung durch und unterbricht den Strom.

Versuch: Wir wiederholen den obigen Versuch, schalten aber in die Zuleitung eine Schmelzsicherung ein. Längst bevor der Draht glüht, schmilzt diese durch.

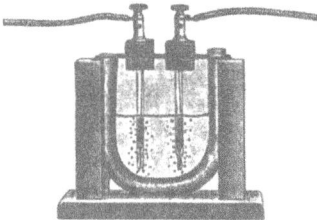

Zersetzungszelle m. verdünnter Schwefelsäure.
– 23 –

b) Versuch: Wir tauchen in ein Gefäß mit verdünnter Schwefelsäure zwei Platinbleche (Abbildung 23). Das eine verbinden wir über eine Glühlampe mit der Steckdose, das andere mit der Erde. Die Glühlampe zeigt zunächst, daß verdünnte Schwefelsäure ein Leiter ist. Außerdem beobachten wir: An den Platinblechen

bilden sich Gasbläschen und steigen auf. Um die Art der Gase festzustellen, wiederholen wir den Versuch mit dem Gefäß der Abbildung 24. Wir fangen beide Gase getrennt auf
und stellen fest: Wo die Elektrizität eintrat, hat sich
Wasserstoff gebildet, am Ausgang Sauerstoff.

Die beiden Platinbleche heißen Elektroden, die
Flüssigkeit heißt Elektrolyt.

Versuch: Als Elektroden dienen zwei Bleidrähte,
der Elektrolyt besteht aus einem Teil konzentrierter
Bleiazetatlösung und vier Teilen Wasser. Dort wo
die Elektrizität eintritt, bildet sich ein zierliches Ge-
bilde aus metallischem Blei, der sogenannte Bleibaum (Abbildung 25).

Wasserstoff und
Sauerstoff
— 24 —

Nehmen wir als Elektrolyt die Lösung eines Kupfersalzes,
so überzieht sich die Eingangselektrode mit Kupfer, nehmen wir
eine Lösung von Silbernitrat, so schlägt sich an der Eingangselektrode Silber nieder.

Bleibaum
— 25 —

Glimmlampen
— 26 —   — 27 —

Wir erfahren also: Der elektrische Strom ruft in flüssigen Leitern
chemische Wirkungen hervor. An der Eingangselektrode bilden sich
je nach dem Elektrolyt: Wasserstoff, Kupfer, Blei, Silber usw.

Zu den chemischen Wirkungen können wir auch die Erscheinungen rechnen, die sich beim Durchgang der Elektrizität
durch eine Glimmlampe abspielen. Die Lampe erstrahlt in mildem
rötlichen Licht. Die Glimmlampe kommt in den Formen in den
Handel, die in Abbildung 26 und 27 dargestellt sind. Besonders
in der letzten Form, als Signallampe, ist sie ein wertvolles Hilfsmittel in der Hand des Experimentators.

Die technische Anwendung des elektrischen Stromes in der
Chemie hat ein solches Ausmaß angenommen, daß ein näheres Ein-
gehen ganze Seiten füllen müßte. Wir wollen nur erwähnen: Alles
Aluminium wird mittels des elektrischen Stromes aus Tonerde
hergestellt.

c) Elektrische und chemische Wirkungen des elektrischen
Stromes spielen sich innerhalb des Leiters ab. Daß ein Strom in
seinem Strombett Wirkungen ausübt, mag nicht allzu merkwürdig
erscheinen. Jetzt lernen wir eine Wirkung kennen, die bei ihrer
Entdeckung großes Erstaunen hervorrief.

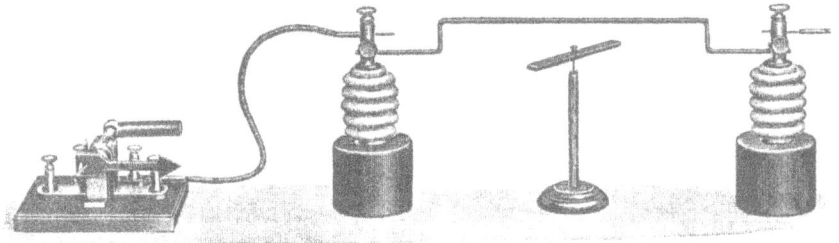

Magnetische Wirkung des elektrischen Stromes.

– 28 –

Versuch: Nach Abbildung 28 verbinden wir zwei Fußklemmen
mittels eines Drahtbügels, stellen diesen in die Nord-Süd-Richtung
und unter ihn eine leicht drehbare Magnetnadel. Dann lassen
wir durch den Draht die Elektrizität aus der Steckdose in die
Erde fließen. Die Nadel, die seither in der Richtung des Bügels
stand, sucht sich jetzt quer zu ihm zu stellen. Das ist etwas ganz
Neues, eine Erscheinung, die wir von einem Wasser- oder Gasstrom nicht kennen, eine Wirkung auch außerhalb seiner Leitung.
Wir stellen also fest: Fließt durch einen Leiter Elektrizität, so treten in seiner Umgebung magnetische
Wirkungen auf.

Der entsprechende Versuch nach Abbildung 21 bestätigt das
Ergebnis für einen flüssigen Leiter. Das Gefäß enthält verdünnte
Schwefelsäure. Solange Elektrizität fließt, schlägt die Nadel aus,
Gasblasen steigen auf, und die Flüssigkeit wird wärmer; wird
der Strom unterbrochen, so verschwindet jede der drei ganz ver-
schiedenen Erscheinungen.

Wir bleiben im Folgenden bei den magnetischen Wirkungen des elektrischen Stromes. Aus der Lehre vom Magnetismus geben wir ein paar Versuche wieder.

Versuch: Über einen Hufeisenmagneten legen wir ein Stück Karton oder eine Glasplatte und streuen darauf durch ein Kaffeesieb Eisenfeilspäne. Wir klopfen leicht an die Platte, die Eisenfeilspäne ordnen sich zu „magnetischen Feldlinien", wie sie Abbildung 29 zeigt. Das Gebiet, das von solchen Feldlinien durchsetzt ist, nennen wir „magnetisches Feld". In ihm treten magnetische Kräfte auf. Ein magnetischer Nordpol und ein Südpol ziehen sich gegenseitig an. Dementsprechend müssen wir uns vorstellen, daß längs der Feldlinien ein „Zug" herrscht, d. h. eine Kraft, die die Feldlinien zu verkürzen sucht. Tatsächlich beobachten wir auch während des Klopfens, daß Feldlinien, die zunächst einen Bogen zwischen Nord- und Südpol bilden, sich in den Raum zwischen den beiden Polen zusammenziehen.

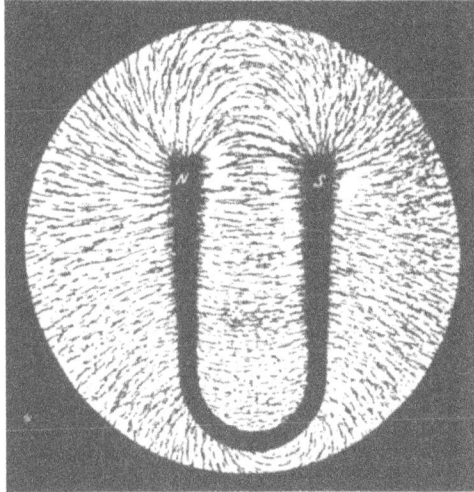

– 29 –

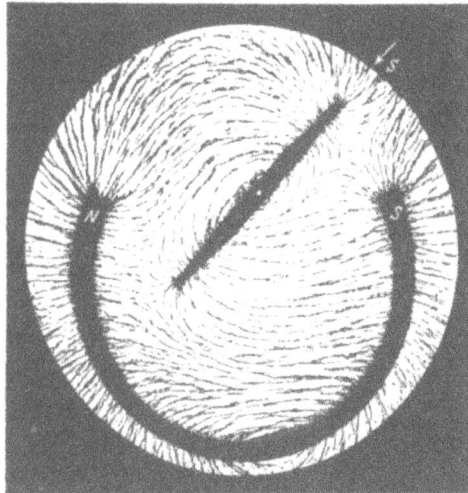

Abbildungen, ebenso wie auch 10 und 11, aus Pohl, Einführung in die Elektrizitätslehre.

– 30 –

Wenn wir uns die Wirkung der Feldlinien wie die gespannter

Gummifäden vorstellen, wird uns auch das Feldlinienbild der folgenden Abbildung klar. Wir sehen ordentlich, wie in Abbildung 30 die Feldlinien der Magnetnadel an den Polen „packen" und gegen den Uhrzeiger zu drehen versuchen, damit sie sich in die Richtung N S einstelle.

Soweit die rein magnetischen Versuche. In der Umgebung des stromdurchflossenen Leiters treten magnetische Kräfte auf; wir wollen die Feldlinien sichtbar machen. Über den Leiter der Abbildung 28 legen wir eine Glasplatte, lassen den Strom fließen und streuen Eisenfeilicht auf: Die Eisenteilchen ordnen sich zu geraden Feldlinien quer zum Leiter (Abbildung 31), das stimmt sehr gut mit der Beobachtung, die wir oben machten, daß sich die Magnetnadel quer zum Leiter stellte.

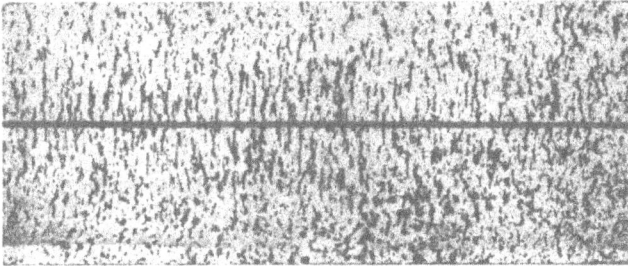

Feldlinien scheinbar senkrecht zum Leiter.
– 31 –

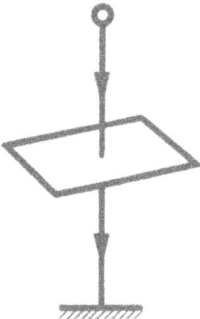

– 32 –

Weiterer Versuch: Nach Abbildung 32 führen wir den Leiter senkrecht durch eine waagerecht liegende Glasscheibe hindurch und verfahren wie oben. Die Eisenfeilspäne ordnen sich in Kreislinien um den Leiter (Abbildung 33). Aus Abbildung 31 und 33 schließen wir: Die Feldlinien eines geradlinigen stromdurchflossenen Leiters laufen kreisförmig um den Leiter herum.

Die Wichtigkeit dieser harmlosen Versuche dürfen wir nicht übersehen. Der elektrische Strom bringt mechanische Wirkungen hervor, er setzt Massen in Bewegung. Etwas anderes tun die Maschinen, die unten in den

Wagen der elektrischen Straßenbahn sitzen, auch nicht. Tatsächlich bedeutet der Versuch mit der Magnetnadel die „Keimzelle" des Elektromotors.

Wir fügen noch einige Versuche hinzu, die diese „ponderomotorischen" Wirkungen des elektrischen Stromes zeigen sollen:

In dem Versuch der Abbildung 28 war der Leiter fest, der Magnet beweglich; jetzt machen wir es umgekehrt: Wir klemmen einen kräftigen Stabmagneten (wenn er nicht lackiert ist, empfiehlt es sich, ihn in Papier zu wickeln) senkrecht fest, hängen neben ihn parallel als Leiter ein gewebtes Metallband und schicken durch dieses den elektrischen Strom: Das Band wickelt sich schraubenförmig um den Magneten herum (Abbildung 34).

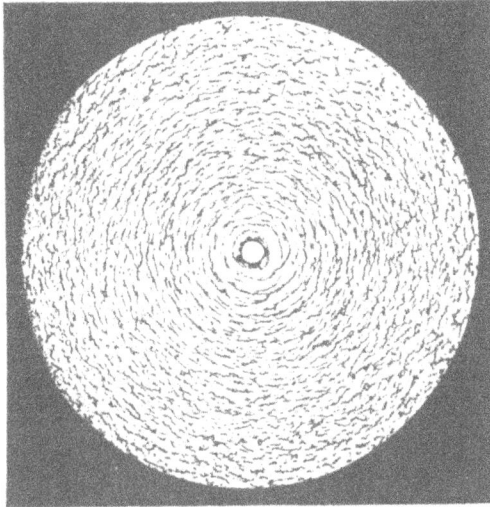

Kreisförmige Feldlinien.
Aus Pohl, Einführung in die Elektrizitätslehre.

— 33 —

Der Versuch gibt uns einen Fingerzeig, wie wir weiter zu verfahren haben: Wir stellen einen schraubenförmigen Leiter aus Kupferdraht her und erhalten das, was man in der Technik als Spule bezeichnet. Uns interessiert das magnetische Feld einer solchen Spule.

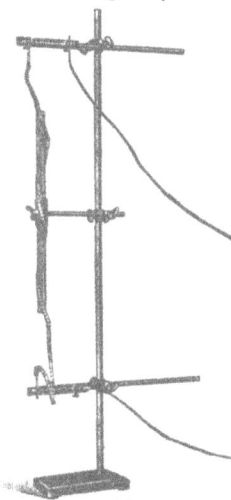

— 35 —

— 34 —

2*

Versuch: Die Spule der Abbildung 35 ist durch Löcher in einer
durchsichtigen Scheibe (für Projektion) hindurchgewunden. Wenn
wir Eisenfeilspäne aufbringen, erhalten wir beim Stromdurchgang
das Feldlinienbild der Abbildung 36.

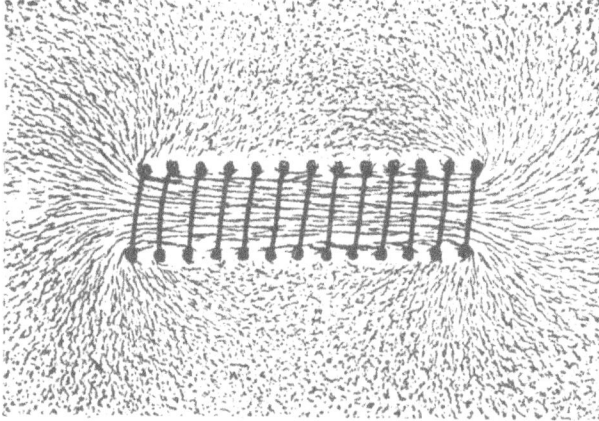

Feldlinienbild einer stromdurchflossenen Spule. Aus Pohl, Einführung in die Elektrizitätslehre.
— 36 —

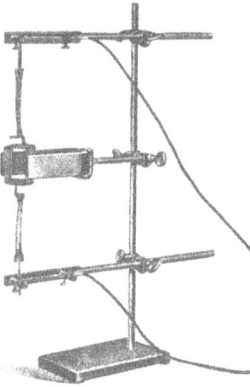

— 37 —

Versuch: Wir hängen eine Spule drehbar zwischen den Schenkeln eines Hufeisenmagneten auf (Abbildung 37); die
Elektrizität fließt durch ein gewebtes Metallband zu, und dabei stellt sich die Spule
so ein, daß die Feldlinien des Magneten
durch die Spule in der Richtung ihrer Achse
hindurchgehen. Vertauschen wir Zufluß und
Abfluß, so dreht sich die Spule um 180°.

Versuch: In eine Spule legen wir
nebeneinander zwei Stifte aus Weicheisen
(Abbildung 38). Bei Stromdurchgang
stoßen sich die beiden Stifte gegenseitig
ab. Die Erscheinung ändert sich nicht, wenn wir Zufluß und
Abfluß vertauschen. Die Abbildung 39 zeigt, wie die Feldlinien
die beiden Stifte auseinanderzuziehen suchen.

Technisches: Unbequem war bei den obigen Versuchen
das Vertauschen von Zufluß und Abfluß. Bequemer geht es

mit dem „Stromwender" (Abbildung 40). Abbildung 41 zeigt,
wie der Strom in der Spule
(Zeichnungssymbol merken!) von
links nach rechts oder umgekehrt
fließt, jenachdem man den Doppelschalter nach oben oder nach
unten legt.

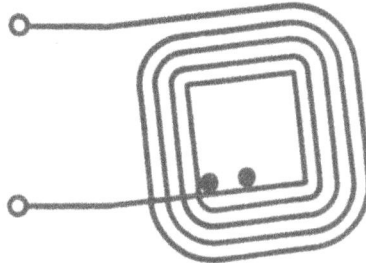

Zwei Eisenstifte in einer mehrlagigen Spule.
— 38 —

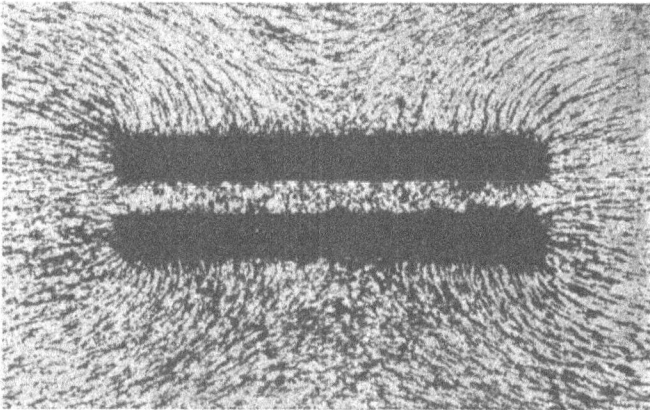

Feldlinienbild zum Versuch der Abbildung 38.
— 39 —

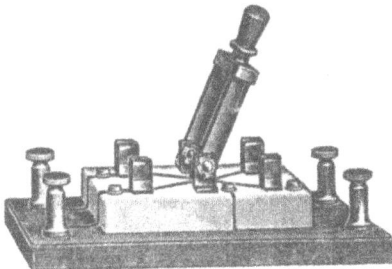

— 40 —   Stromwender.   — 41 —

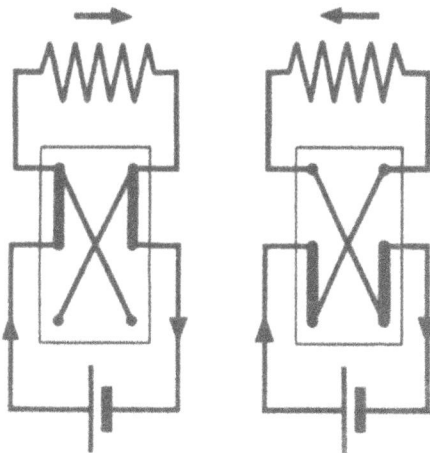

§ 8. Stromanzeiger und Stromrichtungsanzeiger.

Wenn wir nicht wissen, in welcher Richtung in einem Leiter
die Elektrizität fließt, brauchen wir den Leiter nur zu unterbrechen
und in die Lücke eine der früher beschriebenen elektrolytischen
Zellen einzuschalten.   Dort, wo sich Wasserstoff oder ein Metall
abscheidet, tritt die Elektrizität ein. Bequem ist der Gebrauch von
„Polsuchpapier". In das Gefäß der Abbildung 21 bringen wir
Wasser und fügen ihm etwas alkoholische Phenolphtaleinlösung
zu. Dann lassen wir den Strom aus der Steckbuchse über eine
Glühbirne durch diesen Elektrolyt nach der Erde fließen und beobachten, daß sich dort, wo die Elektrizität eintritt, die Flüssigkeit schön rot färbt. Man nennt eine solche Flüssigkeit: Polsuch-
flüssigkeit.   Das Polsuchpapier des Technikers (Polreagenz-
papier) ist mit ihr getränkt. Man feuchtet es vor Gebrauch an.
Der Techniker bezeichnet den „Pol" der Steckbuchse, an
dem die Rotfärbung eintritt, als den negativen. Ihn haben
wir seither immer benutzt, um Elektrizität zu zapfen.

Hitzdrahtinstrument.
–42–

–43–

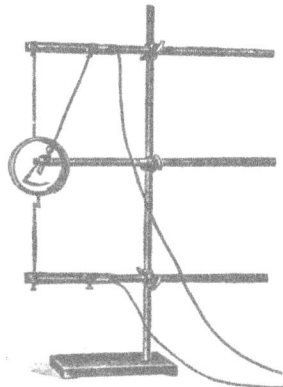

–44–

Die Glühlampe ist als Stromanzeiger nicht immer geeignet.
Ein Apparat, bei dem die Wärmewirkung zum Nachweis (und später
auch zum Messen) des elektrischen
Stromes benutzt wird, ist das Hitzdrahtinstrument (Abbildung 42).
Ein Draht wird durch den Strom erwärmt, dehnt sich und überträgt
seine Bewegung auf einen Zeiger. (Zeichenschema für Strom-

anzeiger gibt Abbildung 43.) Der Ausschlag ist unabhängig von der Richtung des Stromes.

Zur Konstruktion billiger Stromanzeiger auf magnetischer Grundlage benutzen wir die Erscheinung der Abbildung 38. Aus dem einen Stift wird ein festes Eisenblech, aus dem andern ein bewegliches, im magnetischen Feld werden beide auseinandergezogen. Die Bewegung wird durch einen Zeiger sichtbar gemacht. Abbildung 44 zeigt ein Modell des „Dreheiseninstruments"; Abbildung 45 ein Demonstrationsdreheiseninstrument; Umkehrung der Stromrichtung liefert Ausschlag in derselben Richtung. Auf diesem System beruhen die billigen Meßinstrumente in Größe einer Taschenuhr, die heute durch die Radiotechnik weit verbreitet sind (Abbildung 46).

−45− Dreheiseninstrumente. −46−

Damit kommen wir zu den empfindlichsten und verbreitetsten Stromanzeigern, nämlich solchen, bei denen eine Spule und ein Dauermagnet aufeinander einwirken, den sogenannten Galvanometern. Wir unterscheiden zwei Systeme:

Das erste beruht auf dem Versuch der Abbildung 28. Wir ergänzen diesen Versuch so: Den Bügel klappen wir herunter, sodaß sich die Nadel oberhalb des Leiters befindet, außerdem kehren wir die Stromrichtung um. Am Nordpol der Magnetnadel beobachten wir: Die Magnetnadel stellt sich in derselben Richtung ein wie vorher. Folglich wirkt ein Leiter unterhalb der Nadel auf diese in derselben Weise ein wie ein Leiter oberhalb, wenn nur die Stromrichtung unten umgekehrt ist wie oben. Wir können darum den Leiter in Spulenform mehrmals um die Nadel herumführen, die oberen und unteren Teile der Windungen addieren sich in ihrer Wirkung. So entstehen Formen von Stromanzeigern, wie sie in den Abbildungen 47, 48, 49 dargestellt sind. Diese Stromanzeiger (und später Strommesser), bei denen eine feste Spule auf einen beweglichen Magneten wirkt, heißen nach der ursprünglichen Form des beweglichen Teiles: Nadelgalvanometer.

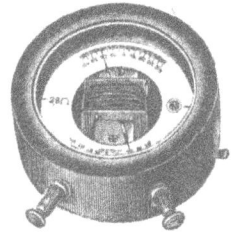

Nadelgalvanometer.
    − 47 −   − 48 −   − 49 −

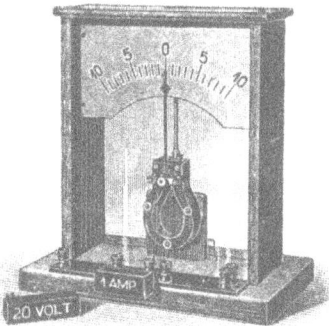
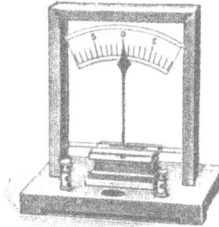

Drehspulgalvanometer.
     − 50 −   − 51 −

Beim zweiten System gehen wir aus von dem Versuch der Abbildung 37. In dem Feld eines kräftigen Hufeisenmagneten ist eine Spule drehbar aufgehängt. Danach nennt man diese Instrumente „Drehspulgalvanometer". Mit der Drehspule ist ein Zeiger fest verbunden. Ausführungsformen sind dargestellt in den Abbildungen 50 und 51. Der Zeiger läßt sich ersetzen durch ein Spiegelchen, das mit der Spule fest verbunden ist, und einen an ihm zurückgeworfenen Lichtstrahl. Dieser verursacht auf einer Skala einen Lichtfleck (Abbildung 52), der sich mit der Spule bewegt: „Drehspul-

spiegelgalvanome-
ter" (Abbildung 53).
Solche Instrumente
lassen sich hoch-
empfindlich herstellen.
Eines der empfindlich-
sten Instrumente dieser
Art zeigt Abbildung 54.

Die Richtung, in der
der Zeiger eines Nadel-
oder Drehspulgalvano-
meters ausschlägt, ist je
nach der Stromrichtung
verschieden; durch pas-
senden Anschluß an
die Klemmen des Gal-
vanometers kann man
es immer so einrichten, daß der
Zeiger die Stromrichtung angibt.

Zum Schluß dieses Paragraphen noch einen Versuch: Wir
wollen den Strom nachweisen, der
aus der Leitung durch den menschlichen Körper und den Fußboden
nach der Erde fließt. Wir schalten
nach Abbildung 55: Steckdose,
Körper von geringer Leitfähigkeit
(Silit- oder Dralowidstäbchen der
Radiotechnik oder auch feuchter
Zwirnsfaden), Galvanometer nach
Abbildung 53 oder 54, dann Holtzsche Klemme. Berühren wir diese
mit dem Finger, so zeigt das
Galvanometer durch einen großen
Ausschlag einen elektrischen
Dauerstrom an. Dieser hört zu
fließen auf, wenn der Experimentator während des Berührens auf

– 52 –

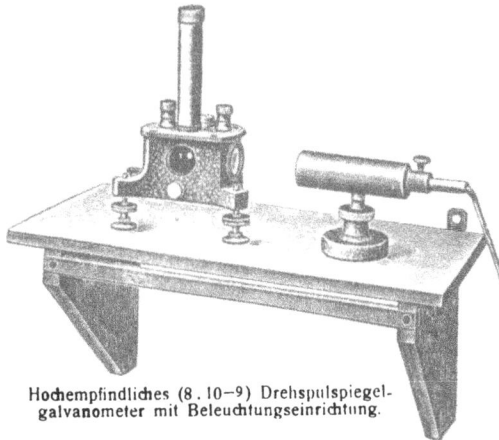

Hochempfindliches (8.10−9) Drehspulspiegel-
galvanometer mit Beleuchtungseinrichtung.

– 53 –

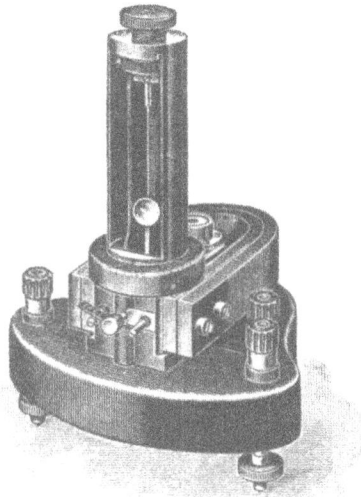

Höchstempfindliches (3,8.10−11) Drehspulspiegel-
galvanometer.

– 54 –

einen „Isolierschemel" (Abbildung 56) tritt, setzt aber sofort wieder
ein, wenn er mit der freien Hand den Experimentiertisch, oder mit
einem Fuß den Fußboden berührt. Solche Schemel benutzen auch
die Elektromonteure bei der Arbeit an spannungführenden Leitungen,
die in der Erde liegen, um zu verhüten, daß durch ihren Körper
ein elektrischer Strom fließt.

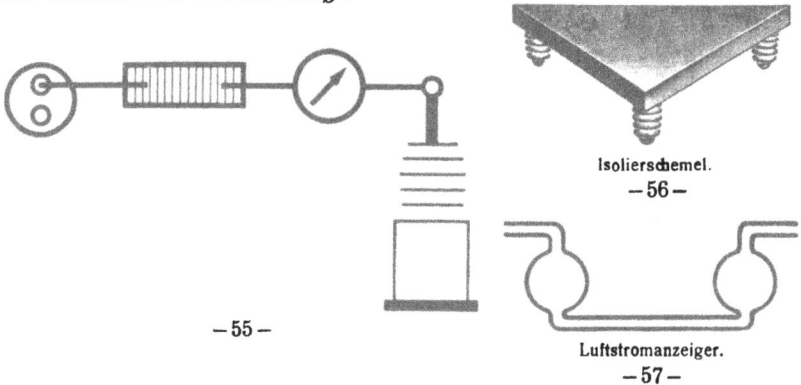

Isolierschemel.
−56−

−55−

Luftstromanzeiger.
−57−

Abbildung 55 enthält das Zeichen für „nichtmetallischer Leiter
geringer Leitfähigkeit". Dabei ist die letzte Bezeichnung als sehr
relativ anzusehen. Was bei einem Versuch ein guter Leiter ist,
kann beim nächsten ein schlechter Leiter sein.

Für Parallelversuche mit Gas oder Luft stellen wir uns auch
einen Luftstromanzeiger her. Ein Glasrohr mit zwei Kugeln
nach Abbildung 57 enthält eine kleine Menge gefärbten Wassers.
Aufsteigende Luftblasen zeigen an, daß und in welcher Richtung
ein Strom fließt.

III. Elektrizitätspumpen als Spannungs- und Stromerzeuger.

§ 9. Der Akkumulator.

Parallelversuche.

Luftpumpe.

Zwei Flaschen A und B sind durch ein dickwandiges Kapillarrohr a b mit einander verbunden (Abbildung 58).

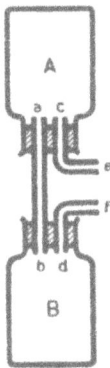

-58-

Durch eine zweite Bohrung ihrer Korke führt je ein rechtwinklig gebogenes Glasrohr f d und e c.

Die obere Flasche wird mit gefärbtem Wasser gefüllt.

1. Wir verbinden f über den Luftstromanzeiger mit dem Luftmeer.

e ist offen (Abbildung 60).

Bei f fließt Luft ab.

2. Wir schalten den Luftstromanzeiger zwischen e und Luftmeer (Abbildung 62).

Bei e strömt Luft zu.

Akkumulator.

In einem Glastrog befinden sich eine graue Bleiplatte B und eine braune Bleisuperoxydplatte A (Abbildung 59).

-59-

An B sitzt die Bleifahne f, an A die Bleifahne e. Diese Fahnen ragen aus dem Trog heraus.

Der Trog wird mit verdünnter Schwefelsäure gefüllt.

Wir verbinden f über ein Galvanometer der Abbildung 50 mit dem Elektrizitätsmeer.

e wird auch mit der Erde verbunden (Abbildung 61).

Bei f fließt Elektrizität ab.

2. Wir schalten das Galvanometer zwischen e und die Erde (Abbildung 63).

Bei e strömt Elektrizität zu.

3. Wir verbinden e über den Luftstromanzeiger mit f (Abbildung 64).

Die bei f ausfließende Luft fließt
bei e wieder in den Apparat.

Der Apparat ist eine Luftpumpe;
er arbeitet nur dann, wenn bei f Luft
ab- und bei e gleichzeitig Luft zufließen kann.

3. Wir verbinden e über das Galvanometer mit f (Abbildung 65).

Die bei f ausfließende Elektrizität
fließt bei e wieder zurück.

Der Apparat ist eine Elektrizitätspumpe. Er arbeitet nur dann, wenn bei
f Elektrizität ab- und bei e gleichzeitig
Elektrizität zufließen kann.

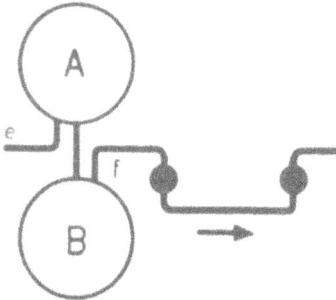

A B nach Abbildung 58.
− 60 −

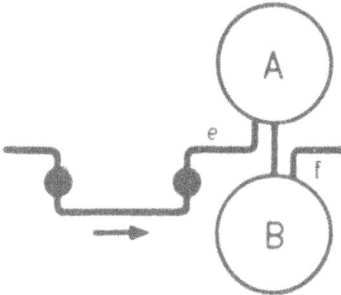

e braune, f graue Platte des Akkumulators.
− 61 −

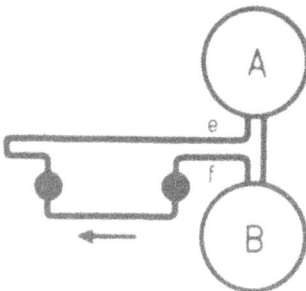

− 62 −

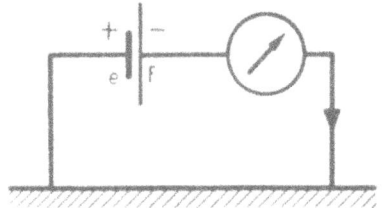

− 63 −

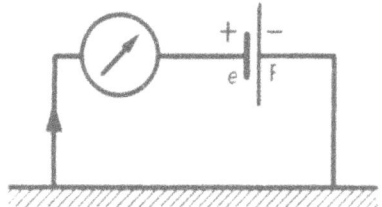

− 64 −

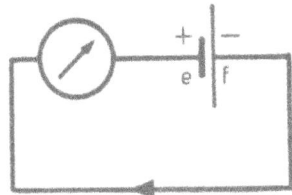

− 65 −

Ob diese Pumpe die Luft aus dem Luftmeer nimmt und wieder dorthin zurückfließen läßt, oder ob die Pumpe nur die in ihr selbst und der Leitung schon vorhandene Luft in Bewegung setzt, ist nebensächlich.

Die Luft wird durch das Gewicht der Wassersäule a b in Bewegung gesetzt (Mariottesche Flasche).

Wenn alles Wasser von A nach B gelaufen ist, steht die Pumpe still.

Dann muß man den Apparat umkehren, sodaß A und B, e und f vertauscht werden.

Ob diese Pumpe die Elektrizität aus der Erde nimmt und wieder dorthin zurückfließen läßt, oder ob die Pumpe nur die in ihr selbst und der Leitung schon vorhandene Elektrizität zum Strömen bringt, ist nebensächlich.

Die Elektrizität wird durch chemische Vorgänge in Bewegung gesetzt.

Wenn diese chemischen Vorgänge abgelaufen sind, sagt man: der „Akkumulator" ist entladen.

Der Akkumulator muß „geladen" werden.

Es wird niemand einfallen, eine Stelle auf der Erde, an der Petroleum zu Tage tritt, als Petroleumquelle zu bezeichnen, wenn er feststellt, daß ein schlauer Betrüger hinten Petroleum zuführen lassen muß, damit es vorne herauskommt. Ebensowenig dürfen wir den Akkumulator als Stromquelle betrachten — diese Bezeichnung ist aus einer veralteten Auffassung übernommen —, sondern lediglich als Elektrizitätspumpe. Mitten im Meer brauchen wir keine Quelle.

§ 10. Andere chemische Elektrizitätspumpen.

Chemische Elektrizitätspumpen gab es einst in den verschiedensten Formen und Zusammensetzungen, man nennt sie auch galvanische Elemente. Wir brauchen nur irgend zwei verschiedene Metalle in einen Elektrolyt zu stecken und haben in den meisten Fällen ein Element, das als Elektrizitätspumpe dienen kann. Stecken wir z. B. in eine Kartoffel, einen Apfel oder ein nicht zu trockenes Brötchen auf der einen Seite eine Metallgabel, auf der anderen ein eisernes Messer und verbinden diese mit den Anschlußklemmen des Galvanometers der Abbildung 53, so schlägt dieses über die ganze Skala aus, meist kann man sich selbst noch mit einschalten. Fast alle älteren Elementformen sind heute vom Bleiakkumulator verdrängt. Neben ihm behauptet sich noch der Nickeleisenakkumulator, den Abbildung 66 auseinandergenommen zeigt. Die eine Elektrode besteht aus Nickel, umgeben von Nickelhydroxyd, die andere aus Eisen, umgeben von Eisenoxyd, Elektrolyt ist eine wässerige Lösung von Ätzkali. Die Elektrizität tritt beim Eisen aus. Neben den Akkumulatoren spielt heute eigentlich nur noch das Leclanché-Element eine Rolle: Die eine Elektrode ist Zink, die andere Kohle, umgeben von einem Gemisch aus Braunstein und Kohlepulver (Beutelelemente). Elektrolyt ist eine Lösung von Salmiak in Wasser. Eine Abart sind die Elemente, die fälschlich Trockenelemente heißen. Bei ihnen ist die Salmiaklösung durch Zusätze wie Stärkekleister oder Sägespäne versteift, die Zinkelektrode hat Becherform und bildet zugleich das Gefäß. Zu Taschenlampen- und Anodenbatterien vereinigt sind sie heute weit verbreitet, während die Urform, das Beutelelement, zum Betrieb von Hausklingel- und Telephonanlagen dient.

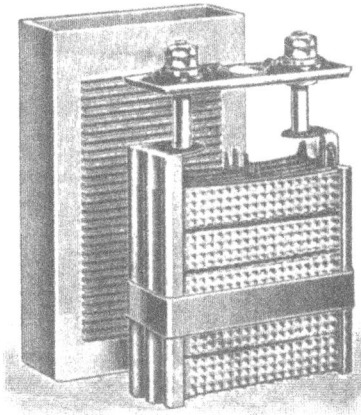

Nickel-Eisen-Akkumulator.
—66—

—67—

Wie innig das Arbeiten einer solchen Elektrizitätspumpe mit den chemischen Vorgängen in ihr verknüpft ist, zeige folgender Versuch: Das sogenannte Voltaelement besteht aus Kupfer und amalgamiertem (d. h. mit Quecksilber überzogenen) Zink in verdünnter Schwefelsäure. Davon stellen wir zwei im selben Trog (Abbildung 23) her. Elektroden sind 0,5 cm breite Streifen aus Kupfer und Zink. Das erste Element bleibt „offen", d. h. Kupfer und Zink werden nicht mit einander verbunden, die Pumpe kann nicht arbeiten, es treten nur einzelne Gasbläschen an den Elektroden als Ergebnis chemischer Vorgänge auf. Das zweite Element wird „geschlossen", d. h. Kupfer und Zink werden mit einander durch eine metallische Leitung verbunden, sodaß vom Zink ein Strom zum Kupfer fließt (Abbildung 65). Jetzt tritt am Kupfer lebhafte Gasentwicklung auf, nach kurzer Zeit ist die Zinkelektrode vollkommen aufgezehrt, und die Elektrizität hört zu fließen auf.

Es gibt übrigens auch Luftströme, die ihre Entstehung, wenn auch mittelbar, chemischen Vorgängen verdanken. In Abbildung 67 brennt eine Kerze in einem Lampenzylinder. Besonders im Schatten- bild ist ein Luftstrom deutlich wahrzunehmen, er vermag ein kleines Windrädchen aus Aluminium zu drehen. (Das Rädchen hat als Achse einen Eisennagel, der an einem Magneten hängt.) Der Druck, der diesen Strom hervorruft, ist so gering, daß er sich mit dem Manometer nicht nachweisen läßt. Selbst in hohen Fabrik- schornsteinen beträgt der Druck, der den kräftigen Luftstrom hervorruft, nur wenige Zentimeter Wassersäule. In der freien Atmosphäre treten wesentlich höhere Druckunterschiede auf. Druck- unterschiede von etwa 80 cm Wassersäule verursachen Luftströme, die wir als Stürme bezeichnen.

§ 11. Spannung beim Akkumulator.

Mit dem Akkumulator konnten wir einen elektrischen Strom erzeugen. Als Ursache eines Stromes haben wir schon im § 1 die Spannung bezeichnet. Wir wollen versuchen, die Akkumu- latorenspannung mit dem Elektroskop nachzuweisen.

Parallelversuche.

In Abbildung 68 sei zunächst e geschlossen, wir legen bei f das Ma- nometer an, dieses schlägt nicht aus. Denn um die Wassersäule zu heben, müßte die Pumpe kurze Zeit arbeiten, das kann sie aber nicht, da ihr „Saug- rohr" bei e zu ist. Wir öffnen e, jetzt stellt sich das Manometer langsam ein.

Wir benutzen drei Luftpumpen nach Abbildung 58 und schalten sie mittels T-Stücken und Gummischlauch nach Abbildung 70 „parallel", d. h. wir ver- binden alle e miteinander, und ebenso

In Abbildung 69 ist der entspre- chende Versuch mit dem Akumulator dargestellt. e ist mit dem Elektrizitäts- meer verbunden. Dennoch zeigt das Elektroskop keinen Ausschlag. Das liegt jedoch nur an der Unempfindlich- keit dieses Instruments. Mit dem emp- findlicheren Quadrantenelektrometer, das wir später (§ 18) kennen lernen, ließe sich ein großer Ausschlag erzielen. Wir schlagen jedoch einen andern Weg ein, d. h. wir versuchen, die Spannung zu steigern, bis das Elek- troskop anspricht. Entsprechend müßten wir die Akkumulatoren nach Abbil-

alle f. Das angelegte Manometer zeigt denselben Druck wie oben.

dung 71 schalten. Ein Ausschlag tritt nicht auf, selbst wenn wir noch soviel Akkumulatoren parallelschalten.

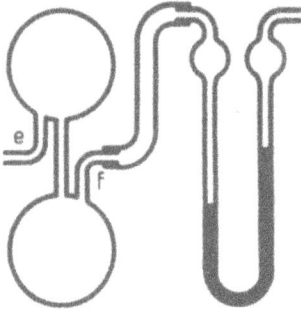

− 68 −

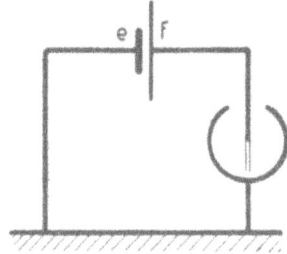

− 69 −

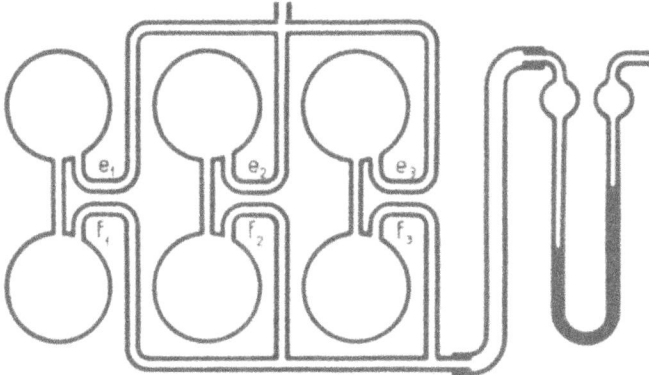

− 70 −

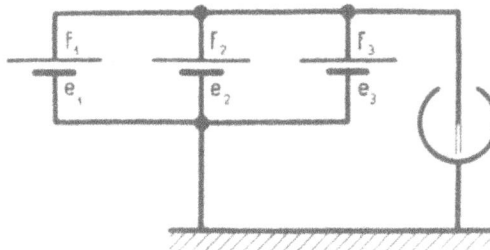

−71−

Wir verbinden jetzt (Abbildung 72):

    f_1 mit e_2
    f_2 mit e_8
    f_3 mit dem Manometer
    e_1 ist offen.

Es hat auch keinen Zweck, zur Erhöhung der Spannung einen Riesenakkumulator zu bauen. Die von einer chemischen Elektrizitätspumpe erzeugte Spannung ist nur abhängig von

Das Manometer zeigt den dreifachen Druck an wie bei einer Pumpe.

Größeren Druck erhält man durch Hintereinanderschalten mehrerer Luftpumpen.

der Zusammensetzung der Elektroden und des Elektrolyts aber unabhängig von den Ausmaßen.

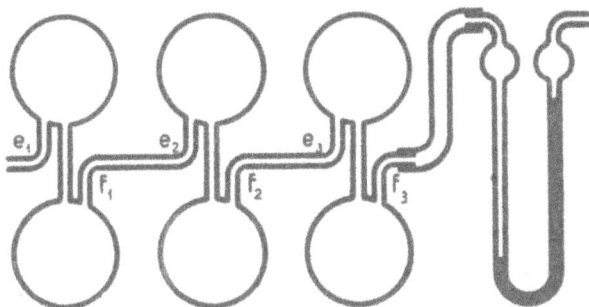

Oberdruck.

− 72 −

Nach diesem Erfolg mit unseren Luftpumpen versuchen wir es ebenso mit den Elektrizitätspumpen (Abbildung 73). Wir verbinden immer die graue Platte eines Akkumulators mit der braunen des nächsten, e_1 wird geerdet, das letzte f mit dem Elektroskop verbunden. Benutzen wir als solches das Zweifadenelektrometer, so zeigt sich schon bei etwa 10 Akkumulatoren ein Ausschlag. Mit jedem neu hinzukommendem Akkumulator nimmt der Ausschlag zu. Beim gewöhnlichen Elektroskop müssen wir schon mehr Einzelpumpen hintereinanderschalten, um zu einem ordentlichen Ausschlag zu kommen. Bequemer ist eine „Anodenbatterie"

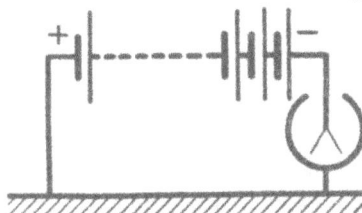

Oberspannung.

− 73 −

aus 100 hintereinandergeschalteten Leclanché-Elementen. Mit dieser können wir auch den Versuch ausführen, der dem ersten dieses Paragraphen entspricht. Wir verbinden f_{100} (kenntlich an dem „—" Zeichen) mit dem Elektroskop, dieses schlägt erst dann aus, wenn wir e_1 mit dem Finger berühren und damit erden.

§ 12. Unterdruck und Unterspannung.

Wir gehen aus von dem Versuch in

| Abbildung 62. | Abbildung 63. |

Bei e fließt Luft in die Pumpe.

Bei e fließt Elektrizität in die Elektrizitätspumpe.

In A muß geringerer Druck — wir sagen „Unterdruck" — herrschen als im Luftmeer.

Auf der braunen Platte muß geringere Spannung — wir sagen „Unterspannung" — herrschen als im Elektrizitätsmeer.

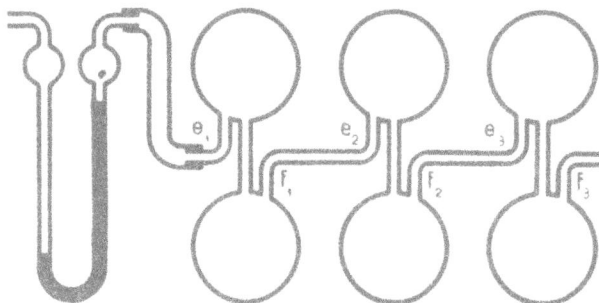

Unterdruck.

— 74 —

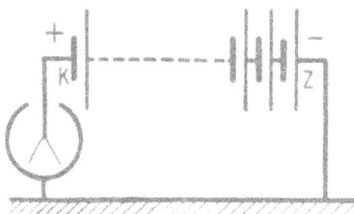

Unterspannung.

— 75 —

Statt der einen Pumpe der Abbildung 62 benutzen wir eine Batterie aus 3 gleichen Pumpen (Abbildung 74).

Wir schließen das Manometer diesmal bei e_1 an.

Im offenen Schenkel steht jetzt die Flüssigkeit niedriger. Das Manometer zeigt also an, daß bei e_1 Unterdruck herrscht.

Wir verbinden bei dem Versuch der Abbildung 74 den offenen Schenkel

Statt des einzelnen Elementes benutzen wir eine Batterie aus 100 oder mehr gleichen Elementen (Abbildung 75).

Wir schließen das Elektroskop diesmal bei der freien Kohle an.

Das Elektroskop schlägt zwar aus; man sieht ihm aber nicht an, ob der Ausschlag Überspannung oder Unterspannung bedeutet.

Wie sich entscheiden läßt, welche Art der Spannung das Elektroskop anzeigt, lehren uns folgende Versuche:

Wir verbinden das Gehäuse des Elektroskops statt mit der Erde mit der

des Manometers mit der Gasleitung (oder wir blasen mit dem Mund hinein).

Der Ausschlag wird größer.
Wir wiederholen den Versuch mit der Anordnung der Abbildung 72.
Der Ausschlag wird kleiner.

in den ersten Paragraphen stets benutzten Steckbuchse, die der Techniker als das Ende der Minusleitung bezeichnet.
Der Ausschlag wird größer.
Wir wiederholen den Versuch mit der Anordnung der Abbildung 73.
Der Ausschlag wird kleiner.

Wir müssen uns also merken: Ersetzen wir beim Elektroskop die Verbindung mit der Erde durch eine Verbindung mit dem Über(—)spannung führenden Leiter, so bedeutet Kleinerwerden des Ausschlages: auf den Blättchen herrscht Überspannung; Größerwerden des Ausschlages: auf den Blättchen herrscht Unterspannung. Wir brauchen also nur die Schaltung des Elektroskops mittels der Morsetaste (Abbildung 76) zur Schaltung der Abbildung 77 zu ergänzen, dann genügt jeweils ein Druck auf die Taste, uns die Art der Spannung anzugeben. (Bei kleinen Spannungen wird vorteilhaft zwischen Elektroskop und Taste ein Holzstäbchen als schlechter Leiter geschaltet.)

Morsetaste.
—76—

Davon machen wir gleich Verwendung:

Versuch: Von der Kugel A in Abbildung 77 streichen wir mit dem Schaumgummilappen Elektrizität ab und drücken die Morsetaste. Dann zeigt das Galvanometer durch

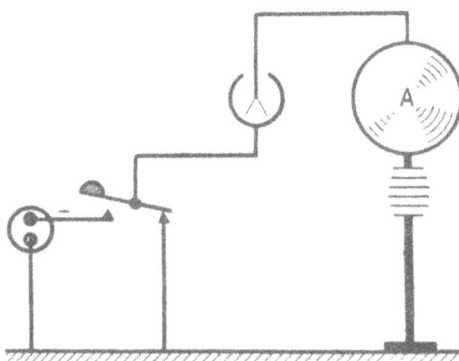

Das Elektroskop gibt beim Drücken der Taste die Art der Spannung an.
—77—

Vergrößerung des Ausschlages an, daß auf der Kugel jetzt Unter(+)-spannung herrscht.

Wir fahren mit einem Hartgummikamm durchs Haar und bringen den Kamm auf A. Das Elektroskop zeigt Über(—)spannung

3*

an. Wir ersetzen A durch einen Schüler, der sich auf einen
Isolierschemel stellt und mit dem Finger den Knopf des Elektroskops berührt. Streicht ihm ein anderer mit dem Kamm durchs
Haar, so schlägt das Elektroskop aus. Drücken der Morsetaste
zeigt, wie zu erwarten, Unter(+)spannung an.

§ 13. Es gibt nur eine Art von Elektrizität.

Daß das Elektroskop sich bei Überspannung und Unterspannung gleich verhält, ist eine von den vielen Erscheinungen,
die zu der Meinung führten, es gäbe zwei Arten von Elektrizität.
Diese Annahme hat sich später als falsch erwiesen. Man
hat über eineinhalb Jahrhunderte an dieser „dualistischen" Auffassung festgehalten, und das war für das Verständnis elektrischer
Vorgänge nicht immer von Vorteil. Dabei hatte schon Franklin
(1706—1790) der dualistischen Auffassung eine „unitarische"
Theorie entgegengestellt, die nur eine Art Elektrizität gelten läßt.
Man glaubte aber auf Grund der Franklinschen Theorie nicht alle
Erscheinungen erklären zu können, und so versteifte man sich
auf die Annahme zweier Elektrizitätsarten. Nun kam ein Miß-
geschick: Daß man die eine Elektrizität positiv, die andere negativ
nannte, dagegen war nichts einzuwenden. Aber das Unglück
wollte es, daß man mit der Bezeichnung negativ gerade die Elektrizitätsart traf, die sich nachher als die wirkliche herausstellte.
Die Versuche, die zu dieser Feststellung führten, lassen sich an
dieser Stelle noch nicht besprechen, dazu sind andere Hilfsmittel
nötig, als sie uns bis jetzt zur Verfügung stehen. Wir müssen
daher ganz gegen unsere seitherige Gepflogenheit an dieser Stelle
einfach dogmatisch mitteilen: Nach unserer heutigen wissen-
schaftlichen Erkenntnis werden alle Erscheinungen, die
wir bis jetzt behandelt haben und noch behandeln werden,
verursacht von einer Elektrizitätsart, die man aber leider
als die negative bezeichnet.

Im Grunde genommen denkt ja auch der Techniker unitarisch.
Man hatte nämlich eines Tages eingesehen, daß beim Festhalten
an der dualistischen Auffassung mindestens die Ausdrucksweise
sehr schwerfällig wird, und darum festgesetzt: Wir wollen einfach
sagen: Die Elektrizität fließt beim Element außerhalb von Kupfer

zum Zink (§ 10). Mit dieser Annahme kommt man in vielen Teilen der Elektrotechnik vollkommen aus. Aber schon der Radiotechniker muß die umgekehrte Stromrichtung seinen Schaltungen zu Grunde legen und die Richtung der Elektrizität so annehmen, wie wir es bis jetzt getan haben. Man muß sich also bei Unterhaltung über solche Dinge zunächst darüber einigen, welche Stromrichtung man nehmen will, die technische oder die heute in der Wissenschaft anerkannte. Wir werden uns im folgenden immer an die wissenschaftliche halten und unsern Weg in dem Sinne weiterverfolgen, wie wir ihn begonnen haben.

§ 14. Festlegung einiger Begriffe.

Von der Mathematik her ist man gewohnt, daß ein Begriff bei seiner Einführung eindeutig definiert wird. Ein gleiches für den Begriff „Elektrizität" zu fordern, hieße die Eigenart der Physik als Erfahrungswissenschaft vollständig verkennen. Elektrizität ist eben das, worüber wir in dem Kapitel Elektrizitätslehre Erfahrungen sammeln, und dessen Eigenschaften wir durch Versuche kennen lernen. Ob wir Elektrizität unter einen Oberbegriff bringen oder nicht, ist lediglich Geschmacksache. Fremdwörter wie „Agens", „Fluidum" und dergleichen sagen garnichts. Wir haben an unsern Parallelversuchen aus der Physik der Gase gesehen, daß die Elektrizität eine Reihe von Eigenschaften, ihre Unsichtbarkeit, ihre leichte Beweglichkeit u. a. mit den Gasen teilt. Andererseits fehlen ihr wieder soviel Eigenschaften, daß wir sie nicht einfach unter den Begriff Gas ordnen können. (So ist Metall für Gas undurchdringlich, für Elektrizität nicht.) Sie als Stoff zu bezeichnen, geht auch nicht ohne weiteres, denn vom Stoff verlangen wir eine der Eigenschaften: fest, flüssig oder gasförmig. Wenn wir im folgenden dennoch die Elektrizität als Stoff behandeln, so müssen wir uns darüber klar sein, daß wir damit den Umfang des Begriffes „Stoff" willkürlich erweitern.

Den Stoff betrachten Chemie und Physik als zusammengesetzt aus Molekülen und Atomen. Die kleinsten Teilchen, aus denen die Elektrizität besteht, nennt die Wissenschaft „Elektronen". Wir werden daher häufig statt „die Elektrizität" sagen „die Elektronen". Im Normalzustand enthält jeder Körper Elektronen. Wir nennen ihn „spannungslos". (Das alte Wort „unelektrisch" wollen wir meiden.) Fügt man einem spannungslosen Körper Elektronen zu, so entsteht auf ihm Überspannung (nach alter Ausdrucksweise negative Spannung), entzieht man ihm Elektronen, so entsteht auf ihm Unterspannung (nach alter Ausdrucksweise positive Spannung). Herrscht auf einem Körper Spannung und verbindet man ihn mit der Erde, so fließt entweder sein Überschuß von Elektronen nach der Erde ab, oder er ergänzt seinen Elektronenbestand aus der Erde. In jedem Fall verschwindet die Spannung, sie wird gleich der Spannung der Erde, und diese bezeichnen wir mit Null.

„Geladen" heißt ein Körper, wenn auf ihm Spannung herrscht.

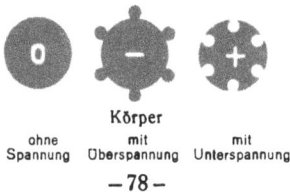

Körper

ohne   mit   mit
Spannung   Überspannung Unterspannung

— 78 —

Die auf einem Körper im Überschuß vorhandene oder ihm fehlende Elektrizität nennen wir die Ladung des Körpers und sprechen auch gelegentlich von Über(—)ladung oder Unter(+)ladung. Den elektrischen Zustand eines Körpers deuten wir nach Abbildung 78 an.

§ 15. Wasser, Luft, Gas, Elektrizität und der Mensch.

Der menschliche Körper bedarf, um lebensfähig zu sein, einer ganz bestimmten Menge Wasser. Die Fürsorgerin Natur zwingt den Menschen auf die Ergänzung seines Wasservorrates bedacht zu sein, sie hat den Durst zu einem der schlimmsten Unlustgefühle gemacht, und dieser Zwang führt u. a. zum Bau unserer Wasserleitungen. An dem Stoff Gas dagegen hat der menschliche Organismus an und für sich kein Interesse, — Gas ist für ihn sogar ein Gift —, woran dem Menschen gelegen ist, das ist lediglich die Fähigkeit des Gases, beim Brennen Wärme abzugeben. Eine Luftdruckleitung in eine jede Wohnung zu führen, wäre sinnlos, da wir doch im Luftmeer leben. Und doch führen wir Elektrizität in unsere Wohnungen, obwohl überall Elektrizität vorhanden ist. Der Zweck der Elektrizitätsleitung ist eben ähnlich wie beim Gas: Die Elektrizität soll beim Fließen uns Licht und Wärme liefern, sie soll Maschinen treiben, an dem Stoff Elektrizität haben wir gar kein Interesse, was aus ihm wird, kümmert uns gerade so wenig, wie das Schicksal der Verbrennungsrückstände des Leuchtgases. Wert hat für uns nur die Arbeitsfähigkeit der Elektrizität. Unser Verhältnis zur Elektrizität ist dasselbe wie das des Müllers zum Wasser seines Mühlbachs. Wenn dieses übers Rad geflossen ist, ist es für den Müller wertlos; es hat sein Gefälle verloren. Elektrizität hat nur dann Wert, wenn sie unter Spannung steht. Hat sie diese eingebüßt, ist sie wertlos. Arbeit leistet sie nur dann, wenn sie fließt. Darum ist es auch ganz einerlei, ob die Elektrizität Über(—)- oder Unter(+)spannung hat, denn beide Formen der Spannung haben die Fähigkeit, einen elektrischen Strom zu erzeugen, und dieser leistet Arbeit.

§ 16. Zweileiter- und Dreileitersystem.

Die Leitungsnetze, wie sie heute in vielen Städten vorhanden sind, haben einen geerdeten Leiter und neben diesem einen oder zwei spannungführende Leiter. Ist nur ein spannungführender Leiter vorhanden, so spricht man von einem Zweileitersystem. Es ist dabei nach dem vorhergehenden Paragraphen einerlei, ob der spannungführende Leiter Unter(+)spannung, wie in Abbildung 79 oder Über(—)spannung wie in in Abbildung 80 hat. Der Leiter mit Unter(+)spannung wirkt auf die Elektrizität, wie der Schlauch d. Staubsaugers auf die Luft. Beim Dreileitersystem hat der eine spannungführende Leiter Unter(+)spannung, der andere Über(—)spannung. Legt man zwischen die beiden nach Abbildung 81

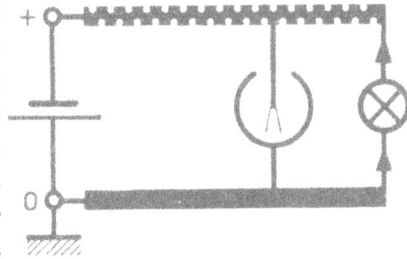

—79—

—80—

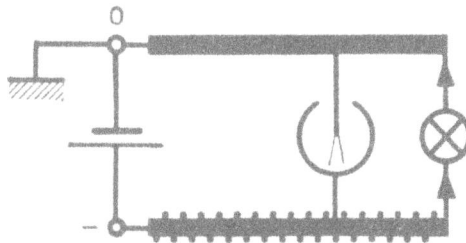

Zweileitersysteme mit je einem spannungführenden und einem geerdeten Leiter. Jede Batterie besteht aus 110 Akkumulatoren.

das Elektroskop, so schlägt dieses viel stärker aus als zwischen dem einen Leiter und der Erde. Der Versuch bestätigt wieder die Tatsache, daß das Elektroskop den Spannungsunterschied zwischen

Blättchen und Gehäuse anzeigt. Die Abbildungen 82 und 83 geben die entsprechenden Parallelversuche. Ihre Ausführung bedarf keiner weiteren Erläuterung.

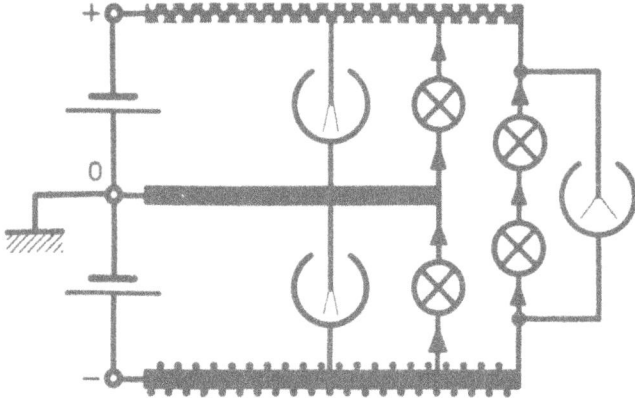

Dreileitersystem. Die beiden hintereinandergeschalteten Batterien bestehen aus je 110 Akkumulatoren.
−81−

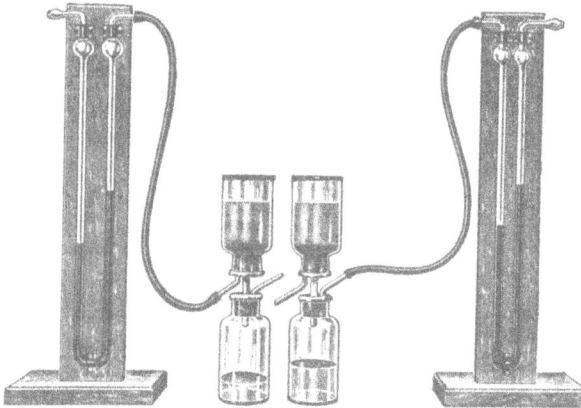

Die beiden Hälften der Abbildung entsprechen den Abbildungen 79 und 80, die ganze Abbildung entspricht der Abbildung 81, wenn die beiden freien Rohre über ein T-Stück verbunden werden.
−82−

Beim Dreileitersystem wird in die einzelne Wohnung neben dem Erdleiter meist nur ein weiterer Leiter geführt. Um zu entscheiden, mit welcher Art der Spannung wir es zu tun haben, bestimmen wir zunächst nach § 1 mit Hilfe einer Erdleitung, welche der Buchsen der Steckdose überhaupt Spannung hat, und dann mittels Polsuchpapier die Stromrichtung.

Bei den beschriebenen
Systemen herrscht auf jedem
Leiter stets dieselbe Spannung; da die Pumpen die
schwindende Spannung, wie
wir in § 6 gesehen haben,
immer wieder herstellen. Es
gibt jedoch auch Leitungs-
systeme, bei denen die Spannung rythmisch wechselt. Wir
können das mit dem Apparat
der Abbildung 57 nachah-
men, indem wir das eine
Ende in den Mund nehmen,
und abwechselnd blasen und
saugen. Entsprechend dem
Wechsel von Überdruck und
Unterdruck fließt dann ein
Luftstrom einmal in der
einen und dann wieder in der

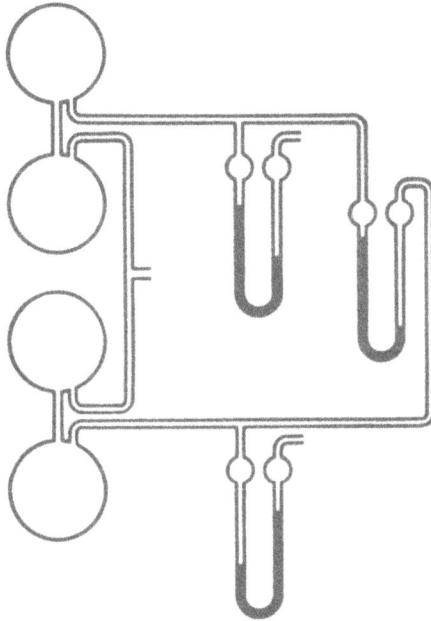

Parallelversuch zu Abbildung 81.
— 83 —

anderen Richtung. Das nennt man einen „Wechselstrom"; so fließt
in unsern Luftwegen beim Atmen ein Luftwechselstrom, während
das Blut durch die Adern in Form eines allerdings unregelmäßigen
Gleichstromes fließt. In dem Versuch der Abbildung 41 können wir
in der Spule einen Wechselstrom dadurch erzeugen, daß wir den
Doppelschalter im Takt herauf- und herunterlegen. Später werden
wir uns mit solchen Wechselströmen eingehend beschäftigen.

Zu den Abbildungen 79, 80, 81 ist noch zu bemerken: Der Null-
leiter darf auf eine ganze Strecke unterbrochen sein, wenn nur die
beiden Enden im Erdboden liegen. Die Versuche gelingen auch dann
und zwar umso besser, je feuchter die Erde ist. Aber gerade in diesem
Falle macht sich bald ein Übelstand bemerkbar. Die Bodenfeuchtig-
keit wirkt als Elektrolyt, die beiden Erdleiterhälften sind die Elektroden, es treten chemische Wirkungen auf, die die Elektroden zer-
stören können. Das wird in der Hauptsache vermieden, wenn man
den Elektrizitätsleiter vom Elektrizitätswerk bis zur Steckdose durch-
führt und damit auf dem ganzen Wege für metallische Leitung sorgt.

IV. Das Ohmsche Gesetz.

§ 17. Maßeinheit und Meßverfahren für die Spannung.

Em Ende des § 11 haben wir schon erwähnt, daß die Spannung, die ein Element erzeugt, lediglich von seiner chemischen Zusammensetzung abhängig ist. Zwei Elemente mit genau derselben chemischen Zusammensetzung haben bei gleicher Temperatur dieselbe Spannung So haben zwei verschieden große Bleiakkumulatoren dieselbe Spannung. Man könnte diese als Spannungseinheit benutzen. Das ist jedoch nicht Brauch. Vielmehr benutzt man eine kleinere Spannungseinheit, in der gemessen die Akkumulatorenspannung die Maßzahl 2 bekommt. Diese Einheit heißt 1 Volt. Danach hat dann der Akkumulator die Spannung 2 Volt (genauer 2,02 Volt). Mit der Definition des Volt als der Hälfte der Spannung eines Akkumulators können wir uns in vielen Fällen begnügen.

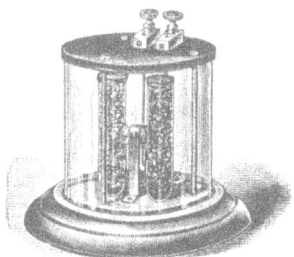

Normalelement.

—84—

Für wissenschaftliche Zwecke hat man das Volt festgelegt mit Hilfe des „Kadmium-Normalelementes". Die Spannung dieses Normalelementes beträgt 1,0187 Volt, so daß also damit das Volt definiert ist als der 1,0187ste Teil der Spannung des Kadmium-Normalelementes. Für die Zusammensetzung des Kadmiumelementes bestehen genaue Vorschriften, deren sorgfältige Beachtung die Genauigkeit der vorgeschriebenen Spannung gewährleistet. Merkwürdig mögen die Dezimalen erscheinen. Sie stammen daher, daß man früher ein anderes Maßsystem benutzte, und in diesem das Volt anders, wie wir es heute machen, festlegte. Als man sich später auf das internationale Maßsystem einigte, behielt man das schon vorhandene Volt bei. Dabei erwies sich die chemische Festlegung als die zweckmäßigste. Auf chemischem Wege läßt sich die Spannung 1,0187 Volt jederzeit leicht herstellen und für Messungen verwenden. Neben der Maßeinheit müssen wir noch das Meßverfahren angeben, nach dem man Spannungen mißt. Das Elektroskop wird durch eine Skala zum Elektrometer ergänzt. Bei dem Braunschen Elektrometer der Abbildung 85 verbindet man Gehäuse und Blättchen mit den Enden einer Akkumulatorenbatterie, deren Spannung man ja kennt, und schreibt neben das Blättchen in seiner zugehörigen Ausschlagsstellung die errechnete Voltzahl. Dann ändert man die Anzahl der Akkumulatoren und bekommt eine Skala, die unmittelbar die Spannung in Volt angibt. Bei dem Zweifadenelektrometer (Abbildung 9) befindet sich die Skala in sehr kleinem Ausmaße im Innern des Instruments. Das obige Eichverfahren versagt deshalb. Man begnügt sich daher mit einer Zehntelmillimeterskala (vergl. Abbildung 11) und gibt für diese eine „Eichtabelle". Aus dieser oder noch besser einer Eichkurve nach

Braunsches Elektrometer.
Meßbereich bis 3000 Volt.
– 85 –

Abbildung 86 entnimmt man dann die Voltzahl, die einem abgelesenen Ausschlag entspricht. Man kann jederzeit durch Verbinden mit einer Elektrizitätspumpe von bekannter Spannung nachprüfen, ob die dem Instrument beigegebene Eichtabelle noch

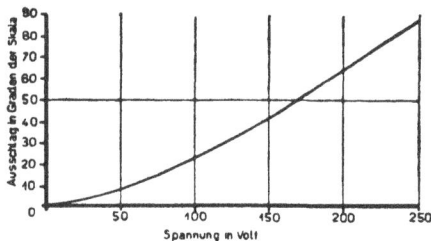

Eichkurve eines Zweifadenelektrometers der Abbildung 9.
– 86 –

stimmt. Die Kurve der Abbildung 86 zeigt uns auch, daß der „Meßbereich" des Zweifadenelektrometers erst hinter 10 bis 15 Volt beginnt. Wir werden uns daher bald nach empfindlicheren Instrumenten umsehen. Auch für das Elektrometer der Abbildung 87 ist vor Gebrauch eine Eichkurve herzustellen.

Wir stellen einige Voltzahlen zusammen: Kadmium-Normalelement: 1,0187 V, Leclanché-Element: 1,5 V, Akkumulator: 2,02 V.

Heizbatterien für Radioapparate bestehen aus zwei Akkumulatoren und liefern darum eine Spannung von 4 Volt. Anodenbatterien aus Leclanché-Elementen haben 100 bis 150 Volt. Batterien
aus etwa 220 Akkumulatoren
stehen auf den Elektrizitätswerken
unserer Städte. Die Batterie ist
in der Mitte geerdet (vergl. Abbildung 81), sodaß in den spannungführenden Leitungen eine
Über- oder Unterspannung von
je 220 Volt, zwischen ihnen also
ein Spannungsunterschied von
440 Volt herrscht (vergl. Abbildung 80).

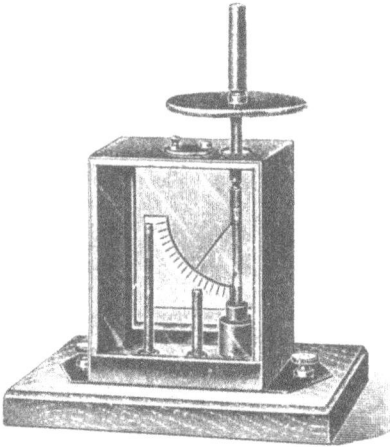

Zusammenfassung: Maßein-
heit und Meßverfahren für die
elektrische Spannung. Die Einheit der elektrischen Span-
nung ist 1 Volt. Die Spannung 1 Volt ist der 1,0187ste Teil
der Spannung des Kadmium-Normalelements. Die Spannung wird durch Ablesung am geeichten Elektrometer
gemessen.

— 87 —

§ 18. Das Quadrantenelektrometer.

Das im letzten Paragraphen angekündigte empfindliche Elektrometer (Abbildung 88) hat seinen Namen von den „Quadranten".
Man denke sich eine Metallschachtel mit kreisförmiger Grund- und
Deckfläche nach Verbindung von Schachtel und Deckel durch zwei
aufeinander senkrechte Achsenschnitte in vier Teile zerschnitten.
Jeder der so entstehenden „Quadranten" besteht dann aus zwei
Kreisausschnitten, die durch ein Stück Zylindermantel zusammen-
gehalten werden. Diese vier Teile werden dann in ihrer ursprünglichen Lage auf Bernsteinfüßchen waagerecht so angeordnet, daß
sie sich nicht berühren (Abbildung 89). In der Schachtel hängt
an einem dünnen Metallband die „Nadel", deren Gestalt aus Abbildung 89 zu ersehen ist. Die Quadranten sind übers Kreuz
miteinander verbunden. Die Nadel erhält eine Hilfsspannung von

40 Volt oder mehr mittelst einer Batterie oder aus der Leitung; in der Abbildung wollen wir 40 Volt Über(—)spannung annehmen. Zur Sicherheit liegt zwischen Nadel und Hilfsbatterie ein Silitstäbchen als schlechter Leiter. Die Nadel entspricht dann dem Zeiger der Abbildung 87, nur befinden sich in dessen Nähe jetzt zwei Gehäuse, die die Nadel anziehen. Die Anziehung ist um so größer, je größer der Spannungsunterschied ist. Sind auch die Quadranten A durch die Verbindung bei b geerdet, so haben

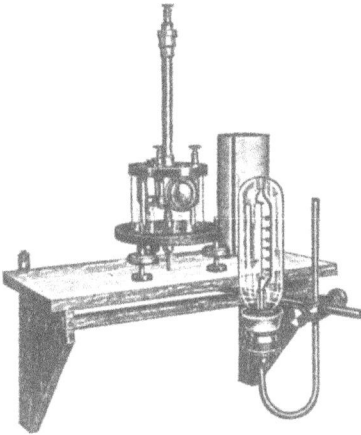

—88—

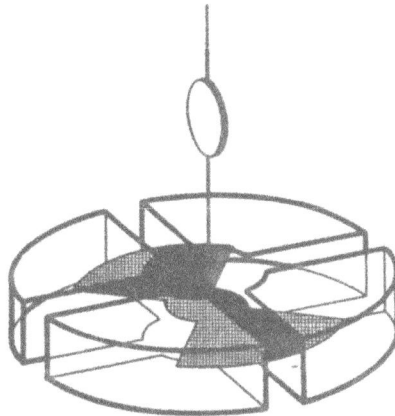

—89—

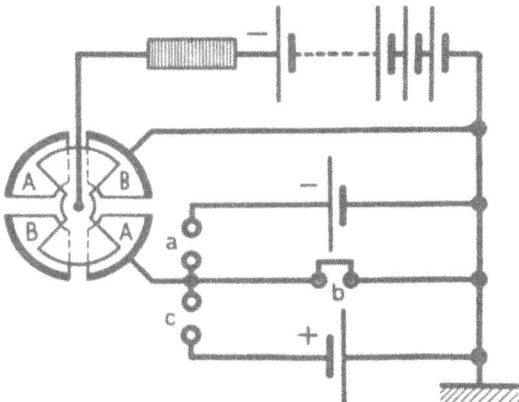

—90—

beide Gehäuse gegen die Nadel denselben Spannungsunterschied von 40 Volt, und es besteht kein Anlaß zu einem Ausschlag. Schalten

wir aber zwischen A und Erde einen Akkumulator, sodaß auf A
eine Über(—)spannung von 2 Volt entsteht, so beträgt die Nadelspannung gegen B 40 Volt, gegen A nur noch 38 Volt, und die
Nadel dreht sich mit dem Uhrzeiger. Drehen wir den Akkumulator
um, so wird die Spannungsdifferenz gegen A 42 Volt, und die Nadel
dreht sich gegen den Uhrzeiger. Mit der Nadel fest verbunden
ist ein Spiegelchen wie beim Spiegelgalvanometer, ein Lichtstrahl
gibt auf einer Skala den Ausschlag an, und die Skala wird mit
Hilfe einer Akkumulatorenbatterie von Fall zu Fall geeicht.
Unbequem ist die Hilfsbatterie; dann dauert es auch immer lange,
bis die Nadel nach dem Hin- und Herschwingen zur Ruhe kommt.
Es gibt Hilfsmittel, mit denen sich dieser Übelstand beseitigen läßt.
Das Mittel, mit dem die Nadel bei dem Instrument der Abbildung 88
„gedämpft" wird, werden wir später besprechen.

Die Empfindlichkeit läßt sich durch Abundzugeben bei der
Nadelspannung verändern. Der Versuch zeigt, daß der Ausschlag
proportional ist der Spannung auf A, vorausgesetzt, daß es sich
nur um kleine Ausschläge handelt. Auf das Quadrantenelektrometer
kommen wir noch einmal in Kapitel VI zurück.

§ 19. Maßeinheit und Meßverfahren für die Stromstärke.

Wir machen uns zunächst den Begriff Stromstärke bei einem
Wasserstrom klar: In Abbildung 91 sind zwei Wasserstrahlen
dargestellt S_1 und S_2, S_1 ist ein träger dicker Strahl, S_2 ein
scharfer dünner Strahl. In dem einzelnen Rohr und in jedem
Strahl fließt durch einen beliebigen „Querschnitt" Q_1 (Q_2) in derselben Zeit stets dieselbe Wassermenge. Diese Wassermenge
wird bei Q_1 von der bei Q_2 im allgemeinen verschieden sein. Zum
Vergleich lassen wir in ein Gefäß eine Zeit t_1, die wir mit der
Stoppuhr messen, Wasser aus dem ersten Rohr fließen, und
bestimmen seine Menge mit der Tafelwaage, sie sei m_1. Ebenso
verfahren wir mit der zweiten Anordnung und finden als zu-
sammengehörige Werte t_2 und m_2. Als gleiche Zeit, für die wir
die gelieferte Wassermenge ausrechnen, nehmen wir eine Sekunde
und finden einmal $\frac{m_1}{t_1}$, zum andern $\frac{m_2}{t_2}$. Dieser Quotient gibt uns
ein Maß für die Stromstärke. Wir definieren also

$$\text{Maßzahl der Stromstärke} = \frac{\text{Maßzahl der Menge}}{\text{Maßzahl der Zeit}}.$$

Die Stromstärke 1 oder die Einheit der Stromstärke hat danach ein Wasserstrom, bei dem in jeder Sekunde 1 g Wasser durch den Querschnitt der Leitung fließt. Das Meßverfahren beruht auf Waage und Uhr. (Unter keinen Umständen darf man Stromstärke mit Strömungsgeschwindigkeit verwechseln.)

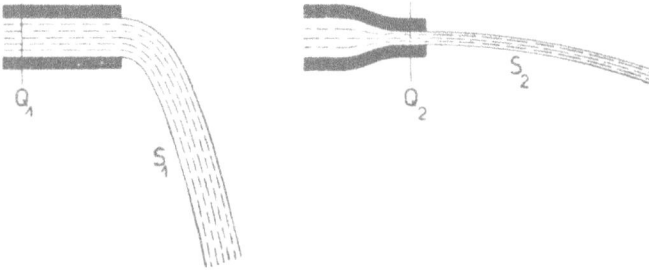

−91−

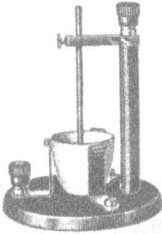

Silbervoltameter.
−92−

Kupfervoltameter.
−93−

Das Verfahren versagt bei der Elektrizität, da wir diese nicht wiegen können; was wir aber wiegen können, das ist z. B. die im Versuch der Abbildung 25 niedergeschlagene Menge Blei oder auch, wie im § 7 schon erwähnt, die aus einer Silbernitratlösung niedergeschlagene Silbermenge.

Man hat gesetzlich festgelegt: Die Einheit der Stromstärke ist 1 Ampere. Die Stromstärke 1 Ampere hat der Strom, der beim Durchgang durch eine wässerige Silbernitrat- lösung in der Sekunde 0,001118 g Silber abscheidet. Das Meßverfahren beruht auf dem „Silbervoltameter", der Waage und der Uhr und wird im folgenden beschrieben.

Das Silbervoltameter (Abbildung 92) hat als Eingangselektrode eine Platinschale, die Ausgangselektrode ist ein Silberstab,
dieser ist mit einem Beutel umgeben, der sich ablösende Silber-
teilchen auffangen soll. Elektrolyt ist eine Lösung von Silbernitrat in Wasser. Die Platinschale wird vor dem Versuch ge-
wogen, dann schickt man den Strom t Sekunden lang durch die
Zelle, wiegt die Platinschale wieder, die Gewichtszunahme sei m g,
dann war während des Versuches die Stromstärke:

$$J = \frac{m}{0,001118 \cdot t} \text{ Ampere.}$$

So genau dieses Meßverfahren sein mag, umständlich ist es. Es
steht aber nichts im Wege, andere Apparate wie Hitzdraht-, Dreh-
eisen-, Nadel- und Drehspulinstrumente nach diesem Verfahren
zu eichen. Das besorgen die Erzeugerfirmen heute sehr sorg-
fältig. Wir können uns darauf beschränken, die Instrumente, die
wir gerade zur Hand haben, mittels des Voltameters zu prüfen.
Statt des Silbervoltameters, das nur geringe Stromstärken ver-
trägt, benutzen wir das gröbere Kupfervoltameter (Abbildung 94).

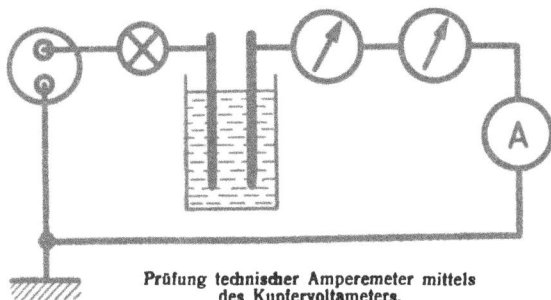

Prüfung technischer Amperemeter mittels
des Kupfervoltameters.
—94—

Dieses besteht aus zwei Kupferplatten in einer 25 prozentigen
Lösung von Kupfervitriol. Nach Wägung der Eingangselektrode
schalten wir hintereinander (Abbildung 94): Städtische Leitung
mit 220 Volt Überspannung, Glühbirne, Kupferzelle, Hitzdraht-,
Dreheisen-, Drehspulamperemeter, Erdleiter, bestimmen die Zeit,
die der Strom fließt, genau mit der Uhr (am besten einige
Stunden), und schreiben uns auf, welche Stromstärke die einzelnen
Instrumente angeben. Diesmal müssen wir die Gewichtszunahme
der Eingangselektrode statt durch 0,001118 durch 0,0003294 und

dann noch durch die Anzahl der Sekunden dividieren, um die Anzahl der Ampere zu erhalten. Die gefundene Zahl vergleichen wir mit den Angaben der Instrumente und bekommen so ein Urteil über deren Zuverlässigkeit. Das Meßverfahren für die Stromstärke wird damit wesentlich einfacher. Die Stromstärke wird am geeichten Amperemeter abgelesen.

Wir geben einige Beispiele für Stromstärken in Ampere: Wir schalten Taschenlampenbatterie, Glühbirnchen, Amperemeter, Taschenlampenbatterie freier Pol und erhalten so einen Stromkreis, in dem die drei hintereinandergeschalteten Pumpen einen Strom von etwa 0,3 Ampere zum Fließen bringen. Die 220 Volt der städtischen Leitung treiben durch eine Glühbirne je nach der Kerzenstärke einen Strom von 0,1 bis 1 Ampere, durch ein elektrisches Bügeleisen einen Strom von etwa 2 Ampere, durch eine „Heizsonne" einen Strom von etwa 2,5 Ampere, dagegen durch eine Glimmlampe nur von 15 Milliampere. 1 Milliampere = 0,001 Ampere. Das können wir alles leicht durch den Versuch nachweisen, wenn wir in die Leitung der Abbildung 3 statt der Glühlampe einen der oben angeführten Apparate und ein Amperemeter einschalten, in dessen Meßbereich die voraussichtliche Stromstärke liegt.

Auf den Schmelzsicherungen ist die Stromstärke angegeben, bei deren Überschreitung das Drähtchen durchbrennt.

§ 20. Die Spannung auf einem Leiter.

Parallelversuche.

In Abbildung 95 benutzen wir wieder als Leitung eine mit Sand gefüllte Röhre. Durch die Korke sind T-Stücke mit Hähnen geführt, außerdem hat die Röhre bei c, d und e seitliche Ansätze mit Hähnen.

g wird mit der Gasleitung verbunden, f und c mit je einem Manometer. Alle anderen Öffnungen sind verschlossen.

Als Leiter (Abbildung 96) dient ein Silitstab von 20 cm Länge, wie er in den Netzanschlußgeräten der Radioapparate gebraucht wird. Er trägt Anschlußschellen aus Messing bei b, c, d, e und f.

g wird mit der städtischen Leitung verbunden. c und f mit je einem Elektrometer.

Es fließt kein Strom.

Das Manometer bei c zeigt denselben Ausschlag wie das andere bei f, auch wenn wir es bei b, d oder e anlegen.

Das Elektrometer zeigt bei c denselben Ausschlag wie das andere bei f, auch wenn wir es bei b, d oder e anlegen.

Ergebnis.
Auf einem Leiter, durch den kein Strom fließt, ist die Spannung überall dieselbe.

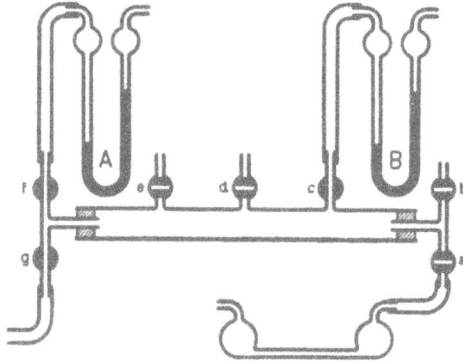

Wenn kein Strom fließt, ist der Druck überall derselbe.

— 95 —

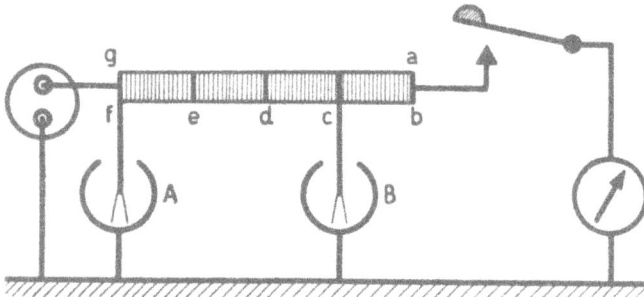

Wenn kein Strom fließt, ist die Spannung überall dieselbe.

— 96 —

Bestätigender Versuch.

Wenn wir das Manometer mit einer Öffnung etwa an c, mit der andern an e legen, schlägt es nicht aus.

Ein zwischen c und e eingeschalteter Stromanzeiger (Abbildung 57) zeigt keinen Strom an.

Wenn wir das Elektrometer mit dem Gehäuse etwa an c, mit den Blättchen an e legen, schlägt es nicht aus.

Ein zwischen c und e eingeschaltetes Galvanometer zeigt keinen Strom an.

Denn daß zwischen zwei Punkten
gleichen Druckes   gleicher Spannung
kein Anlaß zum Fließen eines Stromes besteht, erscheint selbstverständlich.

Jetzt der Gegenversuch:

Wir öffnen den Hahn bei a.	Wir verbinden a mit der Erde.

Es fließt Strom.

Der Ausschlag des Manometers bei f bleibt.	Der Ausschlag des Elektrometers bei f bleibt.
Das Manometer bei c zeigt kleineren Ausschlag.	Das Elektrometer bei c zeigt kleineren Ausschlag.

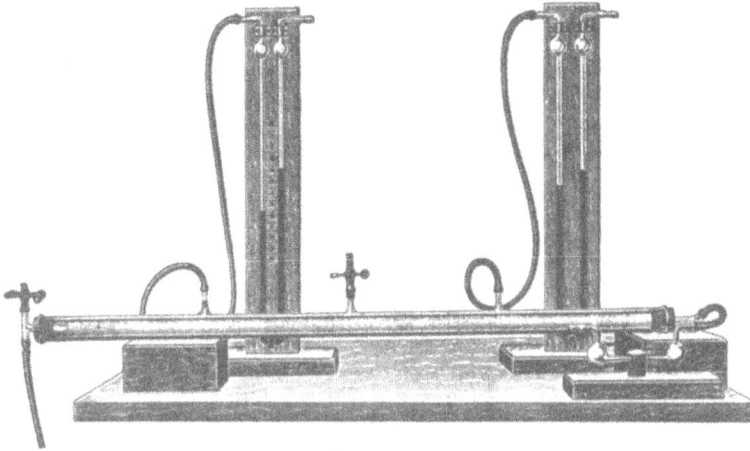

Druckabfall.

— 97 —

Wir wählen als Anschlußpunkte der Reihe nach e, d, c, b (Abbildungen 95 und 96) und stellen fest:

Der Überdruck in der Leitung ist am größten bei f, er nimmt nach b zu allmählich ab bis zum Werte 0 bei b.	Die Überspannung in dem Leiter ist am größten bei f, sie nimmt nach b zu allmählich ab bis zum Wert 0 bei b.

Bestätigende Versuche.

Ein zwischen c und e eingeschaltetes Manometer schlägt aus. Ein Stromanzeiger zwischen c und e zeigt einen Strom in der Richtung e c an.	Ein zwischen c und e eingeschaltetes Elektrometer schlägt aus. Ein Galvanometer zwischen c und e zeigt einen Strom in der Richtung e c an.

Ergebnis:

Auf einem Leiter, durch den ein elektrischer Strom fließt, nimmt die Spannung von einem Ende des Leiters zum andern allmählich ab. Offenbar verliert die Elektrizität beim Fließen wieder die vom Elektrizitätswerk erzeugte Spannung.

4*

Man nennt diese Erscheinung: Spannungsabfall längs eines Leiters. Er ist nur dann vorhanden, wenn durch den Leiter ein Strom fließt. Wird der Strom bei a wieder unterbrochen, so stellt sich der Zustand gleicher Spannung auf dem ganzen Leiter wieder her. Wird der Strom bei g unterbrochen, so sinkt die Spannung auf dem ganzen Leiter auf Null.

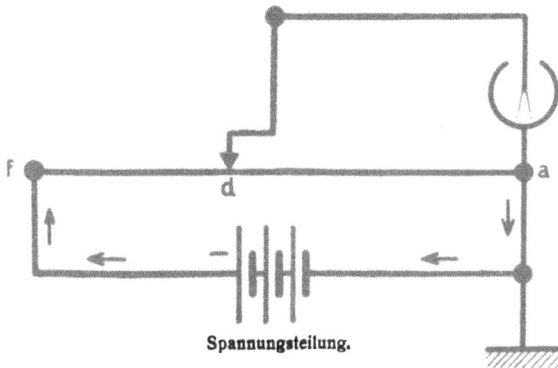

Spannungsteilung.

—98—

Krokodilklemme.

—99—

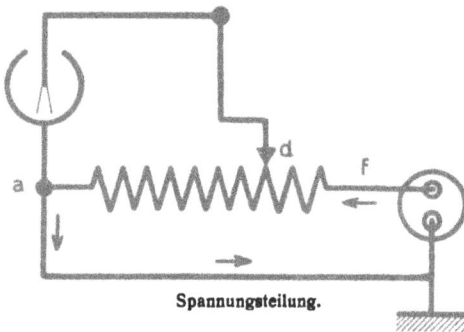

Spannungsteilung.

—100—

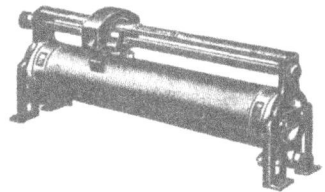

Spannungsteiler.

—101—

Von dem Spannungsabfall machen wir eine Anwendung in der sogenannten Spannungsteilung. In Abbildung 98 spannen wir zwischen den Punkten a und f einen Draht aus Konstantan (Metallegierung von bestimmten Eigenschaften, die wir später besprechen) und pumpen durch ihn mittels der Akkumulatoren-Batterie von 6 Volt einen Strom. Der angedeutete Spannungs-messer sei ein Quadrantenelektrometer (die Hilfsbatterie ist der

Einfachheit halber nicht mit eingezeichnet). Das freie Quadranten-
paar ist mit d verbunden, und die Leitung endigt in einer „Krokodilklemme" (Abbildung 99). Lassen wir jetzt d von a nach f
gleiten, so erhalten wir alle Spannungswerte von 0 bis 6 Volt
und nicht nur wie seither die Vielfachen von 2 Volt.

Um auch der städtischen Leitung andere Spannungen als
220 Volt zu entnehmen, verfahren wir gerade so. Nur benutzen
wir einen auf einen Nichtleiter aufgewickelten Draht, diesem ent-
lang gleitet ein Schieber d, der von einer Stange, der sogen.
Brücke, geführt wird (Abbildungen 100 und 101).

§ 21. Das Ohmsche Gesetz.

In der Schaltung der Abbildung 102 schalten wir hintereinander einen Akkumulator, ein Amperemeter (Abbildung 50) für
den Meßbereich von 0 bis 1 Ampere und einen Konstantandraht,
dessen Länge wir so
wählen, daß das Meßin-
strument eine Strom-
stärke von 0,1 Ampere
anzeigt, wenn der Schalter
zwischen h und a ge-
schlossen wird. Parallel
zum Akkumulator liegt
zwischen a und f das

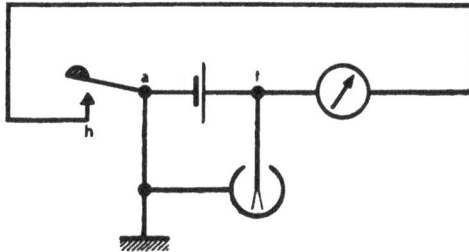

– 102 –

Quadrantenelektrometer und gibt
durch seinen Ausschlag eine
Spannung von 2 Volt an. Dieser
Ausschlag erweist sich unabhängig
davon, ob der Schalter geöffnet
oder geschlossen ist. Der Spannungsunterschied an den Enden
des Leiters f a, der aus Amperemeter, Konstantandraht und
Schalter besteht, beträgt danach
2 Volt, die Stromstärke in ihm

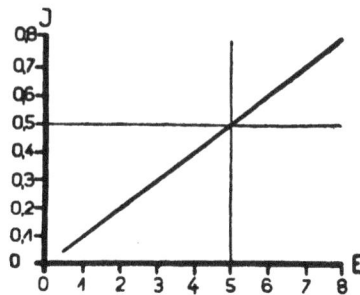

Ohmsches Gesetz.
– 103 –

0,1 Ampere. Wiederholen wir den Versuch mit zwei hintereinandergeschalteten Akkumulatoren, so beträgt jene Spannung 4 Volt,

die Stromstärke 0,2 Ampere. Hinzuschalten weiterer Akkumulatoren führt zu der Tabelle:

Spannung in Volt E	Stromstärke in Ampere J	Quotient R
2	0,1	20
4	0,2	20
6	0,3	20
8	0,4	20

Damit kommen wir zu dem Ergebnis: Der Quotient

$$\frac{\text{Spannungsunterschied zwischen den Enden des Leiters}}{\text{Stromstärke im Leiter}}$$

ist für denselben Leiter konstant. (Der Zusammenhang von J und E ist noch einmal in Abbildung 103 in Kurvenform dargestellt.)

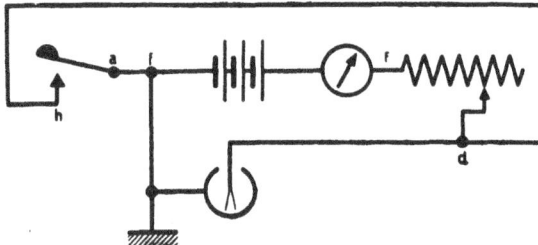

—104—

Wir bestätigen dieses Ergebnis mit folgender Versuchsanordnung. Als Pumpe dient eine Batterie aus 3 bis 4 Akkumulatoren. Die Stromstärke in demselben Leiter wie oben können wir durch einen veränderlichen Leiter verändern. Das Quadrantenelektrometer zeigt zunächst die Batteriespannung an. Wird jedoch h a geschlossen, so geht der Ausschlag zurück und gibt den Spannungsunterschied zwischen d und f während des Stromes an. Gleichzeitig schlägt das Amperemeter aus, der Quotient aus Spannungsunterschied und Stromstärke beträgt wieder 20. Diese Zahl kann man, um ihre Entstehung anzudeuten, mit Volt/Ampere benennen (lies Volt je Ampere). Dafür hat man die Abkürzung „Ohm" eingeführt. Man nennt die Größe 20 Ohm den elektrischen

Widerstand des Leiters. Wenn man also sagt: Der elektrische Widerstand eines Leiters beträgt R Ohm, so heißt dies:

$$\frac{\text{Anzahl der Volt zwischen den Enden des Leiters}}{\text{Anzahl der Ampere im Leiter}} = R.$$

Damit ergeben sich Maßeinheit und Meßverfahren für den elektrischen Widerstand.

Die Einheit des elektrischen Widerstandes ist 1 Ohm.

Den Widerstand 1 Ohm hat ein Leiter, in dem die Spannungsdifferenz 1 Volt die Stromstärke 1 Ampere hervorbringt.

Das Meßverfahren beruht auf Elektrometer und Amperemeter. Jenes mißt die Spannungsdifferenz ΔE zwischen den Enden des Leiters in Volt, dieses Stromstärke J in Ampere im Leiter. Die gesuchte Ohmzahl ist

$$R = \frac{\Delta E}{J}.$$

Dabei ist stillschweigend vorausgesetzt, daß der Leiter eine Form hat, bei der man ohne weiteres weiß, was man unter „Enden" zu verstehen hat, also etwa die Form eines langen Drahtes. Wie ein solcher Draht Schwere- und Raumerfüllungseigenschaften hat, — wir können sein Gewicht und sein Volumen messen, — so hat er auch als elektrische Eigenschaft einen Widerstand. Die Größe R erwies sich bei den Versuchen am Anfang dieses Paragraphen als konstant. Dennoch dürfen wir dieses Ergebnis nicht leichthin verallgemeinern. Wenn wir das spezifische Gewicht eines Stoffes mehrmals nacheinander bestimmen und jedesmal dasselbe finden, so ist es doch keine Konstante, sondern immer noch von der Temperatur abhängig. Tatsächlich ist die Konstanz von R, die wir oben feststellten, ein Sonderfall, und das in der Formel

(1) $$\frac{\Delta E}{J} = R \text{ (konstant)}$$

ausgesprochene „Ohmsche Gesetz" gilt streng genommen nur für einen metallischen Leiter konstanter Temperatur.

§ 22. Stromdurchflossene Voltmeter.

Von dem Ergebnis des § 21, dem Ohmschen Gesetz, machen wir jetzt eine Anwendung, die für die gesamte elektrische Meß-technik von großer Bedeutung ist. Im Versuch der Abbildung 102 werden zu einer Einheit zusammengefaßt: der Leiter im Ampere-meter, der Konstantandraht bis h und der geschlossene Schalter, also die ganze Leitung von f bis a. Diese drei sollen ein In-strument bilden. Es hat einen Widerstand von 20 Ohm. Gibt das Instrument eine Stromstärke an von 0,1 0,2 0,3 0,4 0,5 0,6 0,7 0,8 0,9 1,0 Ampere so beträgt die Spannung zwischen a und f entsprechend 2, 4, 6, 8, 10, 12, 14, 16, 18, 20 Volt. Wir brauchen also nur die Zahlen der ersten Reihe mit 20 zu multiplizieren, und erhalten ein Instrument, mit dem wir die Spannung einer Akku-mulatorenbatterie bis zu 10 Zellen nachmessen können. Es ist wesentlich bequemer als das Quadrantenelektrometer. Das Multiplizieren können wir auch noch sparen, wenn wir eine neue Skala mit den Zahlen der zweiten Reihe an Stelle der Zahlen für die Stromstärken anbringen. So wird das Drehspulampere-meter umgeeicht zum Drehspulenvoltmeter. Ebenso lassen sich aus Hitzdraht- und Dreheisenamperemeter entsprechende Volt-meter herstellen (Abbildung 105 und 106).

−105−   Stromdurchflossene Voltmeter.   −106−

Neues Meßverfahren für die Spannung: Das Volt-meter, ein umgeeichtes Amperemeter, wird zwischen die

Enden eines stromdurchflossenen Leiters parallel zu diesem geschaltet, und der Spannungsunterschied wird unmittelbar abgelesen.

Damit werden jedoch die Elektrometer nicht wertlos. Denn jene stromdurchflossenen Voltmeter versagen in allen Fällen, in denen die Spannung nicht durch eine Pumpe aufrechterhalten wird. Mit einem solchen Voltmeter kann man z. B. nicht wie bei den Versuchen des § 3 die Spannung auf einer Kugel messen, wenn diese von der Leitung getrennt ist. Denn bevor sich das Instrument überhaupt einstellen kann, ist der ganze Elektrizitätsüberschuß abgeflossen und die Spannung verschwunden.

§ 23. Beispiele zum Ohmschen Gesetz.

1. Der Widerstand ist konstant.   Die Ohmsche Gleichung nimmt die Form an:

$$J = \frac{1}{R} \, \Delta E \text{ oder } J = G \cdot \Delta E.$$

— G, der Kehrwert von R, heißt Leitwert des Leiters. — Die n-fache Spannungsdifferenz bringt im selben Leiter die n-fache Stromstärke hervor.   Das ist das Ergebnis der Versuche der Abbildungen 102 und 104.

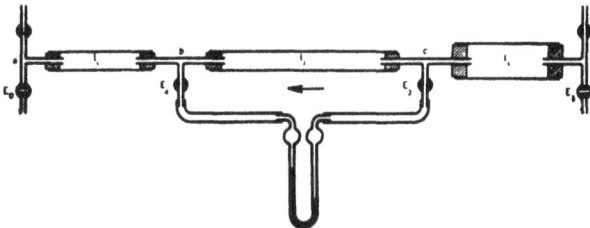

Hintereinandergeschaltete Sandröhren.
– 107 –

2. Die Stromstärke ist konstant. $\Delta E = J \cdot R$.

Parallelversuche.

Abbildung 107.	Abbildung 108.
Denselben Gasstrom schicken wir nacheinander durch drei verschiedene Sandröhren l_3, l_2, l_1. Wenn die Leitung dicht ist, tritt bald ein Zustand ein, bei dem links ebensoviel Gas in der Sekunde austritt, wie rechts in derselben	Durch drei verschiedene Leiter l_3, l_2, l_1 lassen wir denselben Elektrizitätsstrom fließen. Wir geben ihm durch einen Spannungsteiler eine passende Stärke, etwa 0,5 Ampere. Diese zeigt das eingeschaltete Amperemeter

Zeit zuströmt. Denn daß durch den Sand Gas absorbiert wird, ist kaum anzunehmen. In der Umgangssprache verstehen wir unter Widerstand etwas, was eine Bewegung zu hindern sucht. Wir sprechen von Reibungswiderstand, Luftwiderstand usw. Der Widerstand hat die entgegengesetzte Wirkung wie der Gasdruck. Er sucht die Entstehung eines Stromes zu hindern. Wir erwarten den größten Widerstand von dem langen dünnen Leiter l_2, den geringsten von dem kurzen dicken l_3.

an. Wir vergewissern uns, daß keine Elektrizität verloren geht, indem wir dasselbe oder ein zweites Amperemeter vorübergehend zwischen a und die Erde schalten.

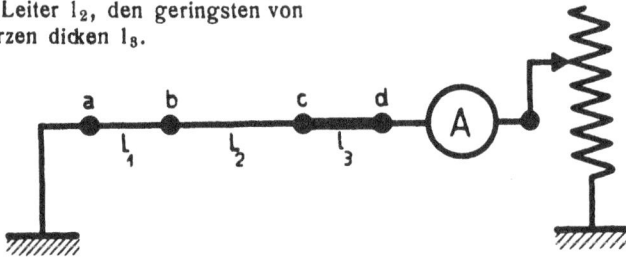

Hintereinandergeschaltete Leiter.
−108−

Mit dem Manometer messen wir den Überdruck bei d, c, b und a; P_3, P_2, P_1, $P_0 = 0$ (der eine Schenkel ist dabei offen), dann nach Abbildung 107 die Druckdifferenzen $P_3−P_2$; $P_2−P_1$; $P_1−P_0$ und finden die Gleichung bestätigt: $(P_3−P_2)+(P_2−P_1)+(P_1−P_0)$ $=P_3−P_0=P_3$. Außerdem stellen wir fest, daß in L_2 der Druckverlust am größten ist. Druckverlust bedeutet Verlust an Arbeitsfähigkeit. Das Gas büßt offenbar im Leiter umsomehr von seiner Arbeitsfähigkeit ein, je größeren Widerstand es in ihm überwinden muß, und das ist tatsächlich am meisten in l_2 der Fall. (Gemeint ist natürlich mechanische, nicht chemische Arbeitsfähigkeit.)

Die Verhältnisse liegen beim elektrischen Strom genau so. Die Ohmsche Gleichung $\Delta E = J \cdot R$ sagt: der Spannungsverlust zwischen irgend zwei Punkten eines stromdurchflossenen Leiters ist umso größer, je größer der zwischen den Punkten liegende Widerstand ist, und zwar besteht Proportionalität. Der Spannungsverlust, den die Elektrizität beim Überwinden eines Widerstandes erfährt, bedeutet nach § 15 einen Verlust an Arbeitsfähigkeit.

Es seien die Widerstände der drei Leiter R_3, R_2, R_1 und R der Gesamtwiderstand zwischen d und a. E_3, E_2, E_1, E_0 die Spannungen, dann gelten die Gleichungen:

$$E_3 − E_0 = J \cdot R$$
$$E_3 − E_2 = J \cdot R_3$$
$$E_2 − E_1 = J \cdot R_2$$
$$E_1 − E_0 = J \cdot R_1$$
$$E_3 − E_0 = J \cdot (R_3+R_2+R_1)$$

oder

(2) $R_1+R_2+R_3=R; (\frac{1}{G_1}+\frac{1}{G_2}+\frac{1}{G_3}=\frac{1}{G})$.

Längs eines Leiters addieren sich also

Spannungsdifferenzen und Widerstände. Schaltet man n gleichlange Leiterstücke aus demselben Draht hintereinander, so wachsen Länge und Widerstand auf das n-fache, d. h. Widerstand und Länge sind proportional.

3. Die Spannungsdifferenz ist konstant. $J = \Delta E \cdot \dfrac{1}{R} = \Delta E \cdot G$.

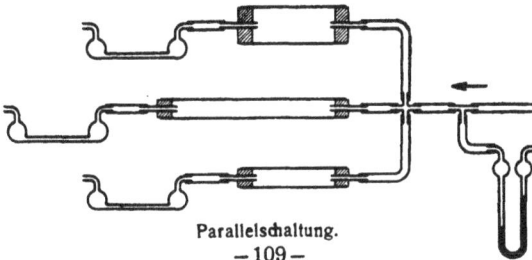

Parallelschaltung.
—109—

Parallelversuche.

Abbildung 109.

Wir verzweigen die Gasleitung, das angeschlossene Manometer gibt den Überdruck an, und lassen das Gas nebeneinander durch l_1, l_2, und l_3 strömen. Hinter den Leitern schalten wir je einen Stromanzeiger an, oder noch einfacher, wir zünden das ausströmende Gas an und überzeugen uns, daß die Gasstromstärke in l_1 am größten, in l_2 am kleinsten ist.

Abbildung 110.

Die Leitung verzweigt sich in der Fußklemme bei e in l_1, l_2 und l_3, die drei Wege laufen wieder in a zusammen. Die Verbindungsdrähte a b, a c, a d sollen dick und kurz sein, sodaß wir den Spannungsabfall in ihnen vernachlässigen können. Dann können wir als Spannungsabfall in den drei Leitern die Spannungsdifferenz ΔE zwischen e und a ansehen.

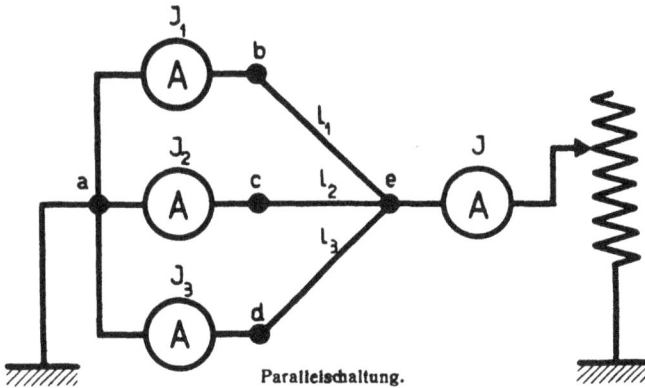

Parallelschaltung.

—110—

Für jeden der drei Leiter gilt das Ohmsche Gesetz:

$$J_1 = \Delta E \cdot \frac{1}{R_1} = \Delta E \cdot G_1$$

$$J_2 = \Delta E \cdot \frac{1}{R_2} = \Delta E \cdot G_2$$

$$J_3 = \Delta E \cdot \frac{1}{R_3} = \Delta E \cdot G_3$$

Durch Einschalten eines Amperemeters zwischen a und b, a und c, a und d können wir J_1, J_2, J_3 messen und finden die selbstverständliche Gleichung

$$J_1 + J_2 + J_3 = J,$$

wobei J die von dem Amperemeter vor e angezeigte Gesamtstromstärke bedeutet.

Wir fragen nach dem Gesamtleitwert zwischen a und e. Für ihn gilt die Gleichung:

$$J = \Delta E \cdot G \left(= \Delta E \cdot \frac{1}{R}\right).$$

Aus den letzten fünf Gleichungen folgt dann:

$$\Delta E \cdot G_1 + \Delta E \cdot G_2 + \Delta E \cdot G_3 = \Delta E \cdot G$$

oder

(3) $$G_1 + G_2 + G_3 = G; \left(\frac{1}{R_1} + \frac{1}{R_2} + \frac{1}{R_3} = \frac{1}{R}\right).$$

Quer zum stromdurchflossenen verzweigten Leiter addieren sich Stromstärken und Leitwerte.

§ 24. Anwendungen des Ohmschen Gesetzes in der Meßtechnik.

1. Leiter von veränderlichem Widerstand. Widerstand ist eine Leitereigenschaft, deren Größe wir mittels des Verhältnisses $\frac{\Delta E}{J}$ messen. Wenn man im Sprachgebrauch den Leiter selbst als Widerstand bezeichnet, so ist das eine Verwechslung von Ding und Eigenschaft (so ähnlich wie „Seine Hoheit" u. ä.), man könnte geradesogut den Akkumulator eine „Spannung" nennen. Nach dem vorhergehenden Paragraphen addieren sich die Widerstände hintereinandergeschalteter Leiter. Darauf beruhen die verschiedenen Formen technischer „Widerstände". In Ab-

bildung 111 wird der Gleitwiderstand (Abbildung 101) der seit-
her (Abbildung 100) als Spannungsteiler diente, als veränderlicher
Leiter benutzt. Der Widerstand wächst, wenn sich der Schieber
D von A entfernt. An Schalttafeln befinden sich meist sogenannte
Kurbelwiderstände. Wie der Kurbelwiderstand der Abbildung 112

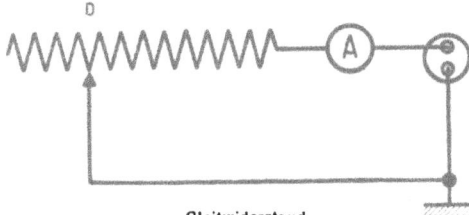

Gleitwiderstand.
– 111 –

geschaltet ist, erläutert die Abbildung 113,
Abbildung 114 zeigt einen Kurbelwiderstand
für genaueste Messungen. Eine dritte ge-
bräuchliche Form ist der Stöpselwiderstand

Kurbelwiderstand.
– 112 –

der Abbildung 115.
Zwischen den Klötzen A B,
B C, C D, D E liegen
Widerstände von 1, 2,
2, 5 Ohm, diese können
durch Stöpsel bei B, C,
D, E „kurzgeschlossen"
werden (Abbildung 116).
Wenn alle Stöpsel stecken,
ist der Widerstand prak-
tisch Null. Durch heraus-
ziehen von Stöpseln, kann
man jeden ganzzahligen
Widerstand von 1 bis 10
Ohm herstellen. So gibt
es Stöpselwiderstände für
die Dekade von 10 bis 100,
usw. bis zum Gesamt-
widerstand von 100000
Ohm.

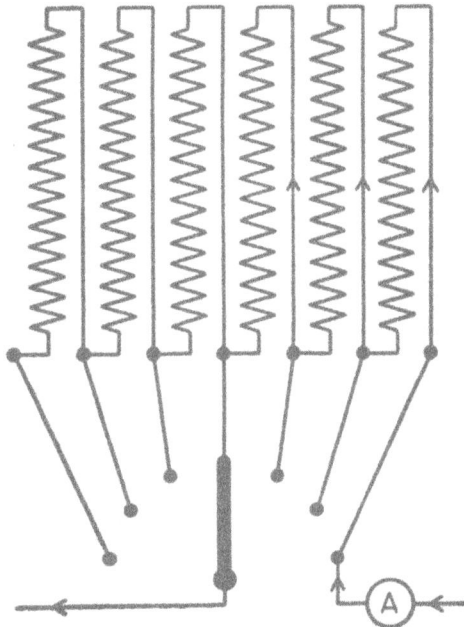

– 113 –

2. Erweiterung des Meßbereichs von Strom- und Spannungs-
messern. Als Beispiel nehmen wir ein heute sehr verbreitetes
Meßinstrument, das Mavometer (Milliamperevoltmeter, Abbildung 117), es ist ein Drehspulgalvanometer. Damit der Zeiger
über die ganze Skala ausschlägt, ist eine Stromstärke von
0,002 Ampere nötig. Um diese hervorzubringen, muß zwischen den
Klemmen des Mavometers eine Spannungsdifferenz von 0,1 Volt
bestehen. Daraus ergibt sich ein Widerstand von 50 Ohm
(Volt/Ampere) und eine Leitfähigkeit von 0,02 Ampere/Volt.

Kurbelwiderstand.
—114—

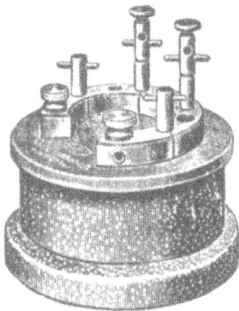

—115—

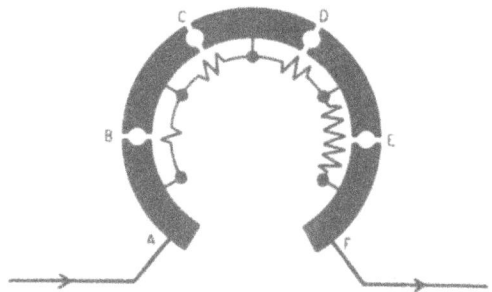

Stöpselwiderstand.
—116—

Nun sei gegeben ein Stromkreis nach Abbildung 118, durch
den eine Spannung von 10 Volt einen Strom von der Stärke
0,2 Ampere treibt, sodaß also der Gesamtwiderstand 50 Ohm
beträgt. Wenn wir das Mavometer unmittelbar an die Klemmen
der Batterie legten, so gäbe das eine hundertfache Überlastung,

die zur Zerstörung führte, da der Strom zu stark wäre. Um ihn zu schwächen, erhöhen wir den Widerstand des Instruments auf das Hundertfache, d. h. wir schalten vor das Instrument noch 99.50 Ohm, und jetzt bilden Galvanometer und Vorwiderstand zusammen ein Voltmeter, mit einem Eigenwiderstand von 100.50 = 5000 Ohm, an dessen Klemmen eine Spannungsdifferenz von 10 Volt herrschen muß, damit der entstehende Strom von 0,002 Ampere den Zeiger voll ausschlagen läßt. Es ist leicht zu verallgemeinern: Will man den Meßbereich eines vorhandenen Voltmeters ver-n-fachen, so muß man einen Leiter vom (n—1)fachen Widerstand dem Instrument vorschalten und damit den Gesamtwiderstand ver-n-fachen.

Mavometer.
— 117 —

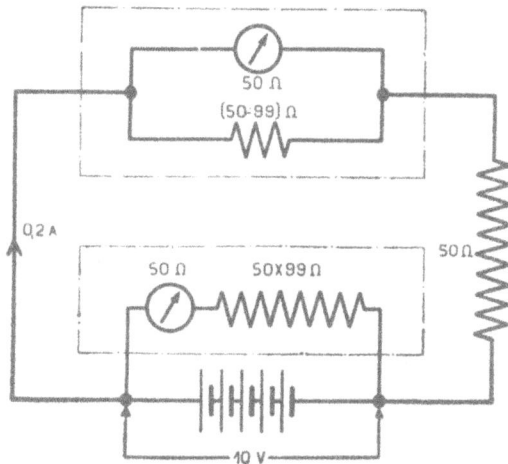

Erweiterung des Meßbereichs.
— 118 —

Um nun mit dem Mavometer auch die Stromstärke von 0,2 Ampere messen zu können verfahren wir so: Bei der Stromstärke von 0,2 Ampere besteht zwischen zwei Punkten die Spannungsdifferenz 0,1 Volt, wenn zwischen diesen Punkten ein Widerstand von 0,5 Ohm liegt. Wir müssen also den Widerstand zwischen den Galvanometerklemmen auf diesen Betrag verkleinern, d. h. die Leitfähigkeit auf 2 Ampere/Volt steigern.

Wir schalten darum parallel zum Meßinstrument einen Leiter von
der Leitfähigkeit 1,98 Ampere/Volt d. h. vom Widerstand
1/1,98 = 0,5050, ... Ohm. Dann beträgt der Gesamtwiderstand
0,5 Ohm und das Amperemeter, jetzt bestehend aus Galvanometer einschließlich Parallelwiderstand, schlägt voll aus, wenn
durch es ein Strom mit der Stärke 0,2 Ampere fließt.

Allgemein: Um den Meßbereich eines Amperemeters zu ver-
n-fachen, hat man ihm einen Leiter parallel zu schalten, dessen
Widerstand der (n—1)te Teil des Amperemeterwiderstandes ist.

Widerstände zum Mavometer.
—120—

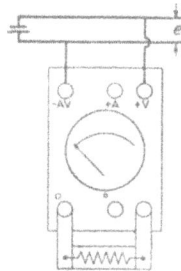

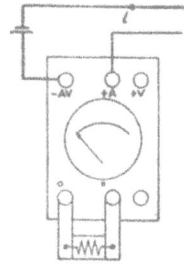

Voltmeterschaltung
des Mavometers.
—121—

Amperemeterschaltung
—122—

—119—

Zum Mavometer gehören eine Reihe solcher Parallel- und
Vorwiderstände (Abbildung 119 und 120). Ihre Schaltung zeigen
die Abbildungen 121 und 122. Die Drehspule liegt zwischen den
beiden Klemmen links unten, SR und S (Abbildung 117), SR hat
unmittelbare Verbindung mit + A oben, S mit — AV, R mit + V.
Das Universal-Demonstrations-Drehspulgalvanometer der Abbildung 50 hat die gleichen elektrischen Daten wie das Mavometer und
läßt sich wie dieses mit denselben Neben- und Vorwiderständen benutzen. Schaltung und Schaltplatte zeigen die Abbildungen 123
und 124. Bei Spannungsmessungen kommen die Vorwiderstände
zwischen SR und R, und die Klemmen AV und V werden be-

nutzt; die Nebenwiderstände für Stromstärkemessungen sind zwischen SR und S zu legen, zum Anschluß dienen die Klemmen AV und A.

Bei Benutzung eines solchen Instrumentes zum Spannungmessen muß man beachten: Der Leitwert des Instrumentes einschließlich Vorwiderstand muß so klein sein, daß er gegen den schon vorhandenen Leitwert zwischen den Anlegepunkten am Leiter vernachlässigt werden kann. Sonst ändert sich nämlich beim Anschalten des Instruments die Spannung, und man erhält einen kleineren Wert als den, den man messen will. Ein Voltmeter soll also hohen Widerstand haben. Dagegen soll ein Amperemeter kleinen Widerstand haben, damit es beim Einschalten nicht die Stromstärke merkbar herabsetzt.

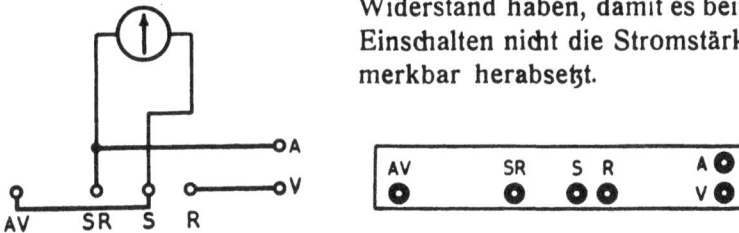

Schaltung des Galvanometers der Abbildung 50.
    −123−   −124−

3. Empfindlichkeit eines Lichtzeiger-Galvanometers. Um ein Urteil über die Empfindlichkeit eines hochempfindlichen Lichtzeigergalvanometers zu gewinnen, gibt man die Stärke des Stromes an, der auf einer vom Spiegel 1 m entfernten Skala den Lichtzeiger gerade um 1 mm aus seiner Nullage ablenkt. Je größer diese Zahl ist, um so unempfindlicher ist das Instrument. Folgerichtig muß man als „Stromempfindlichkeit" des Instruments den Kehrwert dieser Zahl definieren.

Es soll z. B. die Empfindlichkeit des Galvanometers der Abbildung 53 bestimmt und damit das Instrument geeicht werden. Wir stellen zunächst nach Abbildung 125 durch Spannungsteilung (1 Ohm, 9 Ohm) die Spannung 0,2 Volt her. Sie bringt in einem Leiter vom Widerstand 10^6 Ohm und dem Galvanometer einen Strom der Stärke $2 \cdot 10^{-7}$ Ampere und dieser einen Ausschlag von 25 mm auf der 1 m entfernten Skala hervor. Damit entspricht einem Ausschlag von 1 mm die Stromstärke $8 \cdot 10^{-9}$ Ampere, und die Stromempfindlichkeit beträgt $1,25 \cdot 10^8$. Eine Spannung von 0,002 Volt (1 Ohm, 999 Ohm) treibt durch den gleichen Leiter und das Galvanometer der Abbildung 54 einen Strom der Stärke $2 . 10^{-9}$ Ampere, dieser erzeugt einen Ausschlag von 53 mm, sodaß einem Skalenteile eine Stromstärke von $3,8 . 10^{-11}$ entspricht. Daraus folgt eine Stromempfindlichkeit von $2,6 . 10^{10}$ (Skalenteile je Ampere).

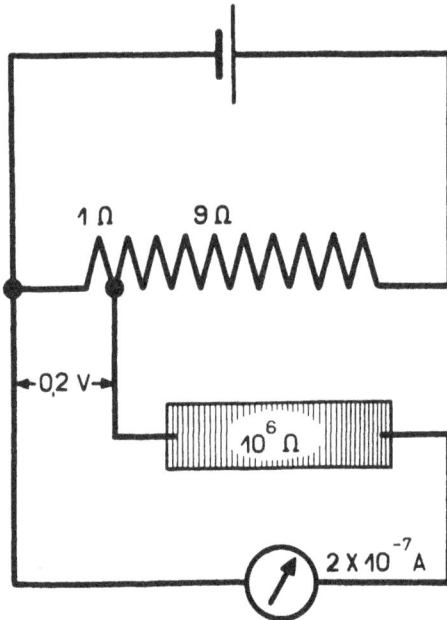

Da das erste Galvanometer einen Widerstand von 50 Ohm hat, herrscht bei der Stromstärke von $8 . 10^{-9}$ Ampere an den Klemmen ein Spannungsunterschied von $4 . 10^{-7}$ Volt. Der Kehrwert $2,5 . 10^6$ (Skalenteile je Volt) gibt die „Spannungsempfindlichkeit" an.

Das Instrument der Abbildung 54 zeigt bei einem Spulenwiderstand von 7700 Ohm durch 1 mm Ausschlag einen Spannungsunterschied von $3 . 10^{-7}$ Volt an. Seine „Spannungsempfindlichkeit" beträgt danach $3,3 . 10^6$ (Skalenteile je Volt).

1Ω 9Ω

$0{,}2$ V

$10^6 \Omega$

2×10^{-7} A

$2 . 10^{-7}$ Ampere.

$-125-$

4. **Messung von Widerständen durch Vergleich mit bekannten.** Um den Widerstand eines Leiters zu bestimmen, mußten wir seither eine Stromstärke und einen Spannungsunterschied messen. Wir können aber auch so verfahren: Den Leiter, dessen Widerstand gesucht ist, schalten wir mit einer Pumpe und einem Strommesser zu einem Stromkreis, messen die Stromstärke und ersetzen dann den Leiter durch einen veränderlichen Leiter nach Abbildung 114 oder 115. Durch Änderung an diesem stellen wir wieder dieselbe Stromstärke her und können dann den gesuchten Widerstand einfach ablesen. Diese „Ersatzmethode" wird mitunter auch bei Wägungen gebraucht.

Zu Widerstandsmessungen benutzt man meistens eine Gleichgewichtsmethode. In Abbildung 126 bilden vier Leiter mit den

Widerständen R_1, R_2, R_3, R_4 ein Viereck ABCD. In der einen Diagonale A C liegt eine Pumpe, die bei A die Spannung E_2 hervorbringt, die Elektrizität entspannt sich wieder längs der beiden Wege ABC und ADC. Wir suchen die Bedingung dafür, daß bei B und D dieselbe Spannung E_1 herrscht, daß also ein zwischen B und D eingeschaltetes Galvanometer (Abbildung 50) nicht ausschlägt.

Im Leiter ABC sei die Stromstärke J_1, im Leiter ADC J_2. Dann liefert das Ohmsche Gesetz die Gleichungen:

$$E_2 - E_1 = J_1 \cdot R_1 \qquad E_2 - E_1 = J_2 \cdot R_3$$
$$E_1 \quad\; = J_1 \cdot R_2 \qquad E_1 \quad\; = J_2 \cdot R_4$$

Division ergibt:

$$\frac{R_1}{R_2} = \frac{R_3}{R_4}$$

als Gleichgewichtsbedingung.

Der Vergleich mit zwei von einem Berge herabfließenden Bächen, die in gleicher Höhe bei B und D angezapft und verbunden sind, liegt nahe. Nach dem Erfinder und der „Brücke" BD heißt die Versuchsanordnung: „Die Wheatstonesche Brückenschaltung." In der Meßtechnik wird aus R_1 und R_3 ein einziger gerade ausgespannter überall gleichdicker

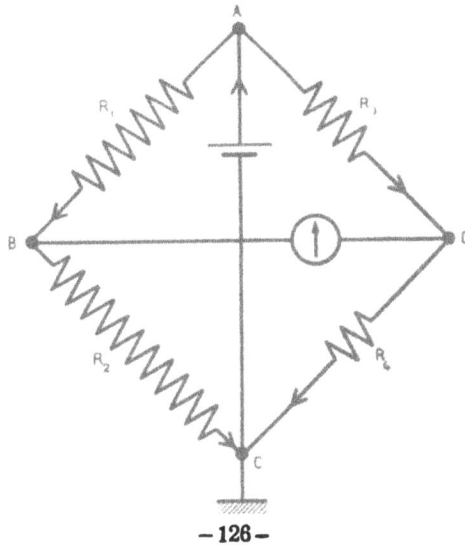

– 126 –

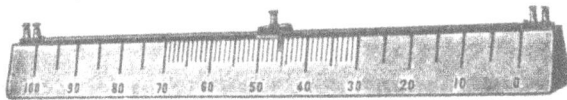

– 127 –

Draht (Abbildung 127). Auf ihm verschieben wir den Kontakt A, bis das Galvanometer keinen Strom anzeigt (Abbildung 128). Ist dann R_2 der gesuchte, R_4 ein bekannter Widerstand, so ergibt sich:

$$R_2 = R_4 \cdot \frac{R_1}{R_3}.$$

Nach § 23, 2 ist aber das Verhältnis der Widerstände R_1 und R_3 unter den gegebenen Umständen gleich dem Verhältnis der Drahtlängen BA und AD, woraus folgt:

$$R_2 = R_4 \cdot \frac{BA}{AD}.$$

Um ein Analogon aus der Mechanik zu geben, formen wir diese Gleichung um:

$$\frac{BA}{R_2} = \frac{AD}{R_4}.$$

Führen wir statt der Widerstände ihre Kehrwerte, die Leitfähigkeiten G_2 und G_4 ein, so lautet diese Gleichung:

$$BA \cdot G_2 = AD \cdot G_4.$$

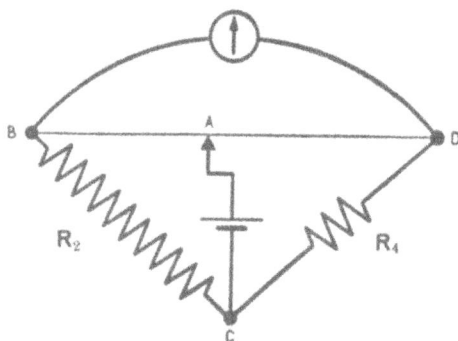

Wheatstonesche Brücke.

– 128 –

Dieselbe Gleichung gilt bei der in Abbildung 129 dargestellten behelfsmäßigen Waage: UB und UD sind Fäden, BD ein leichter Stab mit Zentimetereinteilung, bei B und D hängen Körper mit den Gewichten G_2 und G_4. US ist ein Senkel. Kennt man G_4, so läßt sich G_2 bestimmen. Verlegen wir U als Unterstützungspunkt in die Mitte von DB, so wird die Waage gleicharmig, die Gleichgewichtsbedingung lautet dann:

$$G_2 = G_4 \text{ oder } R_2 = R_4.$$

Bei der Brückenschaltung hieße das: Der Reiter A kommt in die Mitte des Meß-

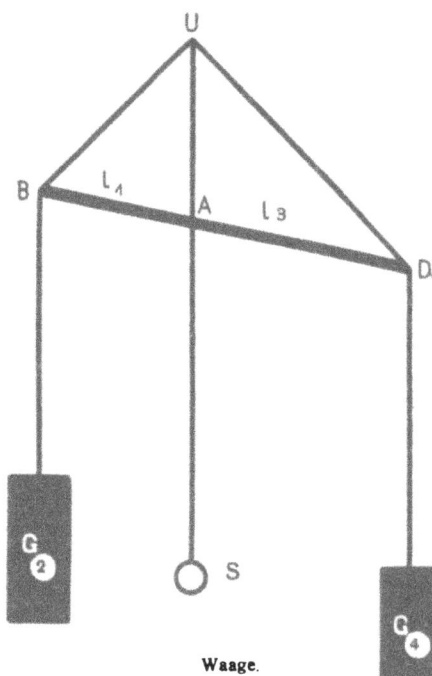

Waage.

– 129 –

drahtes BD; als Leiter DC dient ein Stöpselwiderstand, dem Auf-
legen von Gewichtstücken entspricht das Stöpselziehen (vgl. die
Zahlen 1, 2, 2, 5, 10, 20 usw. bei Gewichts- und Widerstands-
sätzen), durch Verschieben von A lassen sich „Dezimal- und
Centesimalbrücken" herstellen.

5. Spannungsmessungen mit dem Normalelement. Mit einem
gleichen Meßdraht von hohem Widerstand wie oben kann man
die Spannung irgend eines Elementes mit der Spannung eines
Normalelementes ver-
gleichen, wenn jene
größer ist als diese. Die
Schaltung zeigt die Ab-
bildung 130. n ist das
Normalelement mit der
Spannung $E_n = 1,0187$
Volt, e das Element,
dessen Spannung E

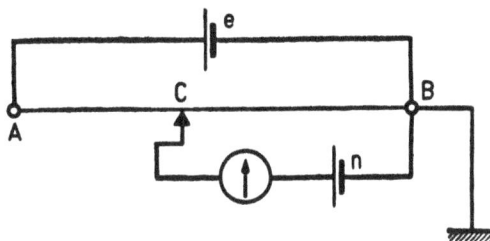

Spannungsmessung mittels Normalelement.
−130−

wir messen wollen. Wir verschieben den Gleitkontakt C so,
daß das Galvanometer keinen Strom anzeigt. Dann ist der
Spannungsunterschied zwischen Normalelement und C Null. Es
sei R der Widerstand zwischen A und B, R_1 derjenige zwischen
C und B. Dann gelten die Gleichungen:

$$i . R = E$$
$$i . R_1 = E_n = 1,0187 \text{ Volt}$$

und weiter:

$$E = E_n \cdot \frac{R}{R_1} = E_n \cdot \frac{AB}{CB} = 1,0187 \frac{AB}{CB} \text{ Volt.}$$

(Kleinere Spannungen kann man danach messen, indem man das
Normalelement durch das Element ersetzt, dessen Spannung man
sucht.)

§ 25. Berechnung des Widerstandes aus den Dimensionen des Leiters.

In § 23 hatten wir festgestellt, daß der Widerstand eines
Leitungsdrahtes proportional seiner Länge ist. Schalten wir dagegen n gleiche Leiterstücke parallel, so ergibt sich nach § 23, 3
der n-fache Leitwert. Dabei ist der Querschnitt des Leiters n-mal
so groß geworden. Es fragt sich nur, ob ein einzelner Leiter

von demselben Querschnitt wie die n Leiter zusammen denselben Widerstand hat wie die n Leiter in Parallelschaltung. Daß dies tatsächlich der Fall ist, können wir so zeigen: Nach § 24, 4 messen wir den Widerstand R von Drähten aus demselben Stoff, aber von verschiedener Länge und Durchmesser, R in Ohm, l und d in cm. Der Querschnitt des Leiters ergibt sich aus der Gleichung

$$q = \frac{\pi}{4} \cdot d^2.$$

Als Konstante finden wir die Größe

$$\rho = \frac{R \cdot q}{l}.$$

Sie ist außer von der Temperatur nur vom Material abhängig, also wie das spezifische Gewicht eine Stoffkonstante und wird als spezifischer Widerstand bezeichnet. Als Benennung ergibt sich Volt . cm/Ampere oder Ohm . cm. Ihr Kehrwert ϰ heißt elektrische Leitfähigkeit.

$$\varkappa = \frac{1}{\rho} \; (\text{Ampere/Volt} \cdot \text{cm}).$$

Die folgende Tabelle enthält einige Werte für ρ (bei einer Temperatur von 18°).

Stoff:	Spezifischer Widerstand ρ
Silber	0,016 . 10⁻⁴ Ohm . cm
Kupfer	0,018 . 10⁻⁴ Ohm . cm
Aluminium	0,04 . 10⁻⁴ Ohm . cm
Eisen	0,12 . 10⁻⁴ Ohm . cm
Quecksilber	0,96 . 10⁻⁴ Ohm . cm
Messing (66% Kupfer + 34% Zink)	0,063 . 10⁻⁴ Ohm . cm
Manganin (84% Kupfer + 4% Nickel + 12% Mangan)	0,42 . 10⁻⁴ Ohm . cm
Konstantan (60% Kupfer + 40% Nickel)	0,49 . 10⁻⁴ Ohm . cm

Die hohen spezifischen Widerstände der beiden letzten Legierungen machen diese zur Herstellung technischer Widerstände sehr geeignet; man braucht wenig Material, dazu kommt noch der Vorteil, daß ihr ρ sich mit der Temperatur nur so wenig ändert, daß man den Temperatureinfluß vernachlässigen kann.

Aus obiger Formel folgt:

$$R = \rho \cdot \frac{l}{q} \text{ oder } G = \varkappa \cdot \frac{q}{l},$$

damit kann man den Widerstand einer Drahtleitung aus ρ, l und q berechnen.

Beispiele für Widerstände: Ein Draht von 1 m Länge und 0,5 mm Durchmesser

aus	hat einen Widerstand von
Silber	0,08 Ohm,
Kupfer	0,09 Ohm,
Aluminium	0,2 Ohm,
Eisen	0,6 Ohm,
Messing	0,3 Ohm,
Manganin	2,1 Ohm,
Konstantan	2,5 Ohm.

Der Widerstand eines Taschenlampenglühbirnchens beträgt etwa 15 Ohm, der einer 16kerzigen Kohlenfadenlampe für 220 Volt etwa 700 Ohm, der einer 25kerzigen Metallfadenlampe für 220 Volt etwa 2000 Ohm. Mit wachsender Kerzenzahl nimmt der Widerstand ab bis etwa zu 200 Ohm. Ein elektrisches Bügeleisen hat etwa 100 Ohm Widerstand. 10^6 Ohm nennt man ein Megohm. Widerstände dieser Größenordnung haben die Silit- und Dralowidstäbchen der Radiotechnik.

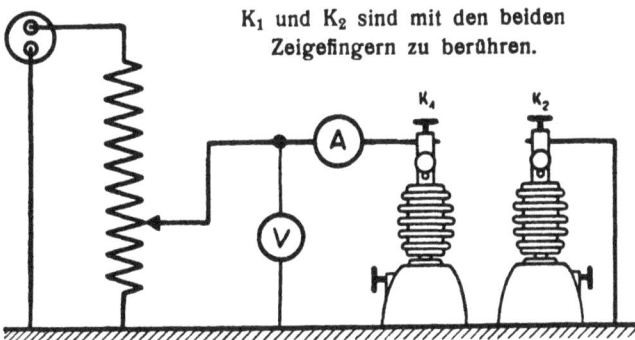

K₁ und K₂ sind mit den beiden Zeigefingern zu berühren.

$$-131-$$

Wir stellen uns noch die Aufgabe, den Widerstand des menschlichen Körpers zwischen den Spitzen der beiden Zeigefinger zu bestimmen. Die Versuchsanordnung zeigt Abbildung 131. Sie besteht aus Spannungsteiler, Voltmeter, Amperemeter für den Meßbereich von 0 bis 10 Milliampere und zwei Holtzschen Klemmen K_1 und K_2. Den Spannungsteiler stellen wir zunächst so ein, daß das Voltmeter etwa 20 Volt Spannung anzeigt. Dann berühren wir K_1 und K_2 mit den angefeuchteten Fingerspitzen und lassen die Spannung allmählich steigen. Bei 100 Volt spüren wir ein deutliches Kribbeln und messen eine Stromstärke von etwa 2,5 Milliampere. Daraus errechnen wir den gesuchten Widerstand zu

$$\frac{100}{2,5 \cdot 10^{-3}} \text{ Volt/Ampere} = 4000 \text{ Ohm.}$$

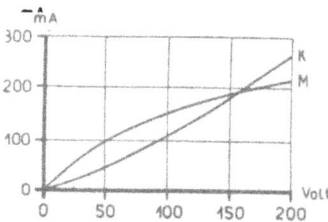

… d unserer Glühlampen … der Temperatur ab … ; sehen wir an den … Abbildung 132. M be … eine 50kerzige Metall … nd zeigt, wie der Leit … end des Erglühens ab … nimmt, während bei einer 16kerzigen Kohlenfadenbirne der Leitwert steigt. — Um zu zeigen, wie der Widerstand des Eisens von der Temperatur abhängig ist, schalten wir nach Abbildung 133 hintereinander zu einem Stromkreis: einen Akkumulator, ein Amperemeter und einen dünnen Eisendraht von etwa 1 bis 2 Ohm, den wir schraubenförmig aufwickeln. Erhitzen wir nun den Draht mit einer Bunsenflamme,

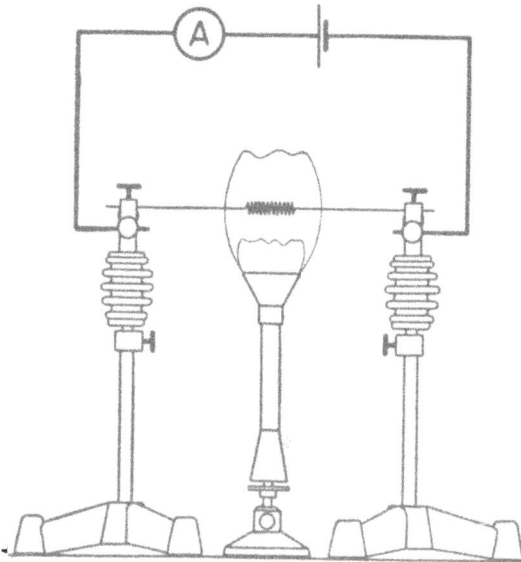

Der Widerstand eines Eisendrahtes wächst mit der Temperatur.

— 133 —

so geht der Ausschlag des Amperemeters zurück. Schalten wir statt des Eisendrahtes einen Manganin oder Konstantandraht ein, so ändert sich die Stromstärke beim Erhitzen kaum.

Ein eigentümliches Verhalten zeigt das Selen. Wir schalten zusammen: eine Batterie von 4 Volt, eine Selenzelle (Abbildung 134) und ein Milliamperemeter (Abbildung 50). Die Selenzelle besteht aus zwei parallel aufgewickelten Drähten zwischen denen sich Selen in seiner grauen Form befindet. Solange der Deckel geschlossen ist, zeigt das Instrument nur einen ganz schwachen Strom an. Die Stromstärke steigt bedeutend, wenn wir den Deckel öffnen und Licht auf das Selen fallen lassen.

Selenzelle.

– 134 –

§ 26. Innerer Widerstand eines Elements.

Nach Abbildung 135 schalten wir zu einem Stromkreis: Das Trogelement T der Abbildung 136, einen Gleitwiderstand G und ein Amperemeter (Meßbereich 10 Ampere). Als Elektroden dienen die braune und die graue Platte eines Akkumulators; wir gießen verdünnte Schwefelsäure in den Trog, bis sie etwa 1 cm hoch steht. Schalten wir den Gleitwiderstand ganz aus, so beobachten wir eine Stromstärke der Größenordnung 1 Ampere. Da der Widerstand des Meßinstruments nur Bruchteile eines Ohms beträgt, muß irgendwo im Stromkreis ein größerer Widerstand vorhanden sein. Daß der Widerstand des

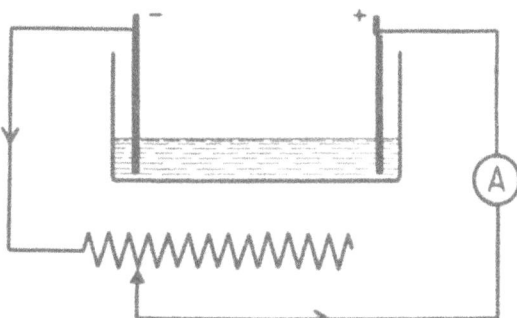

Innerer Widerstand eines Akkumulators.

– 135 –

Elektrolyts Einfluß auf die Stromstärke hat, davon überzeugen wir uns, indem wir einmal den Querschnitt des elektrolytischen Leiters ändern, d. h. wir gießen verdünnte Schwefelsäure zu.

Dann ändern wir auch die Länge des Leiters, d. h. wir nähern die
beiden Platten einander; in jedem Falle steigt die Stromstärke.
Wir sprechen darum von dem inneren Widerstand des Elements.
Dieser läßt sich in unserem Falle leicht messen, wenn wir außen
soviel Widerstand zuschalten, daß die Stromstärke auf ihren
halben Wert zurückgeht, dann ist der zugeschaltete Widerstand gleich
dem inneren Widerstand R_i des Elements. R_i ist um so kleiner,
je größer der eingetauchte Teil der Platten und damit der Querschnitt des Leiters und je geringer ihr Abstand ist. Kleine Elemente haben darum größeren inneren Widerstand als große.
Durch R_i ist die Stromstärke, die ein Element hervorbringen
kann, nach oben begrenzt. Der Gesamtwiderstand in einem
Stromkreis setzt sich zusammen aus R_i und dem „äußeren Widerstand" R_a; nach dem Ohmschen Gesetz beträgt die Stromstärke:

$$J = \frac{\Delta E}{R_i + R_a},$$

und selbst wenn R_a Null wird, kann J nicht größer werden als

$$J_{max} = \frac{\Delta E}{R_i}.$$

Im Allgemeinen ist bei Akkumulatoren R_i so klein, daß man es
gegen R_a vernachlässigen kann. Für besondere Zwecke gibt es
Akkumulatoren mit so kleinem inneren Widerstand, daß eine
einzige Zelle einen Strom von über 1000 Ampere liefern kann.
Im Übrigen sei davor gewarnt, die für einen Akkumulator vor-
geschriebene Stromstärke zu überschreiten; Überanstrengung setzt
seine Lebensdauer stark herab.

§ 27. Spannung im Leiter, Strömungsfeld.

Wir haben seither stets feste Leiter benutzt und konnten
daher nur die Spannung auf ihrer Oberfläche messen. Wir wollen
im folgenden zeigen, daß auch im Innern des Leiters Spannung
und Spannungsabfall herrscht. Als Leiter benutzen wir eine Lösung
von Kupfervitriol in Wasser. Diese bringen wir in einen läng-
lichen Glastrog (Abbildung 136) hängen an den beiden schmalen
Seitenflächen zwei Kupferbleche als Elektroden hinein und pumpen
mittels eines Akkumulators Elektrizität hindurch (Abbildung 137).
Als „Sonden" benutzen wir zwei Kupferdrähte, die bis auf kurze

Enden isoliert sind. Sie tauchen ins Innere des flüssigen Leiters und sind außerhalb über einen Spannungsmesser verbunden. Dieser zeigt den Spannungsunterschied zwischen den beiden Punkten im Leiter an, an denen sich die Sondenenden befinden. Verschieben wir eine Sonde senkrecht zur Stromrichtung, so ändert sich die Spannungsdifferenz nicht. Sie sinkt, wenn wir die beiden Sonden einander nähern, sie wird Null, wenn die beiden Enden sich in einer Ebene senkrecht zum Leiter befinden. Wir stellen die Sonden so, daß ihre Verbindungsstrecke l in der Stromrichtung läuft, und messen die Spannungsdifferenz Δ E. Sie ändert sich nicht, wenn wir die Sonden so verschieben, daß l weder seine Länge noch seine Richtung ändert.

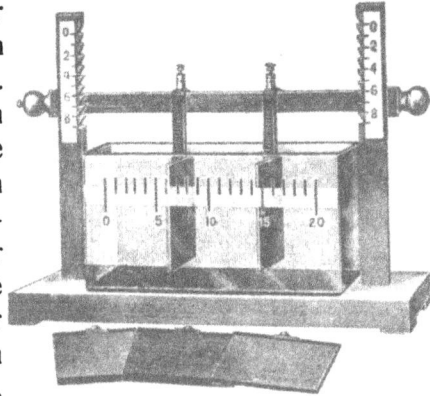

– 136 –

Den Quotient

$$\mathfrak{E} = \frac{\Delta E}{l}.$$

nennen wir Spannungsgefälle, er ist zwischen den Platten konstant und gibt an, um wieviel die Spannung

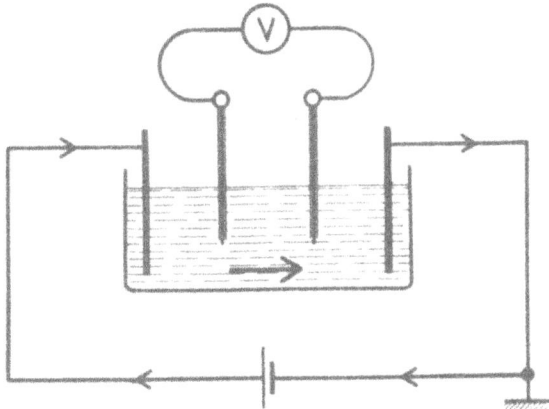

Bestimmung des Spannungsgefälles mittels zweier Sonden.
– 137 –

abnimmt, wenn wir in der Stromrichtung um ein Zentimeter weitergehen. $\mathfrak{E}$ ist ein Vektor, d. h. eine gerichtete Größe. Seine Benennung ist Volt/cm.

Denken wir uns den Leiter vom Querschnitt q zerlegt in q parallelgeschaltete Leiter, jeden vom Querschnitt 1 cm², so kommt auf jeden dieser Leiter die Stromstärke:

$$\mathsf{S} = \frac{J}{q} \ (\text{Ampere/cm}^2).$$

Diese Größe heißt Stromdichte.

Aus den Gleichungen

$$\Delta E = J \cdot R \ \text{und} \ R = \rho \cdot \frac{l}{q}$$

folgt

$$\Delta E = J \cdot \rho \cdot \frac{l}{q} \ (\rho \ \text{ist der spezifische Widerstand des Leiters})$$

oder

$$\frac{\Delta E}{l} = \rho \, \frac{J}{q}$$

und nach Einführung der obigen Bezeichnungen

$$\mathfrak{E} = \rho \cdot \mathsf{S}$$

oder

$$\mathsf{S} = \varkappa \cdot \mathfrak{E}$$

($\varkappa$ ist der Kehrwert von ρ, d. h. die spezifische Leitfähigkeit).
Die Formel gilt für jeden Punkt des Leiters.

Den von einem stromdurchflossenen Leiter eingenommenen Raum, durch den sich die Elektronen bewegen, nennen wir ein Strömungsfeld, die Bahnen der Elektronen Stromlinien. Betrachten wir einen Leiter, der überall aus demselben Material besteht und überall denselben Querschnitt hat, so heißt das, spezifischer Widerstand und Stromdichte haben im ganzen Leiter denselben Wert, dann ist aber auch übereinstimmend mit unseren obigen Versuchen das Spannungsgefälle überall das gleiche. Ein solches

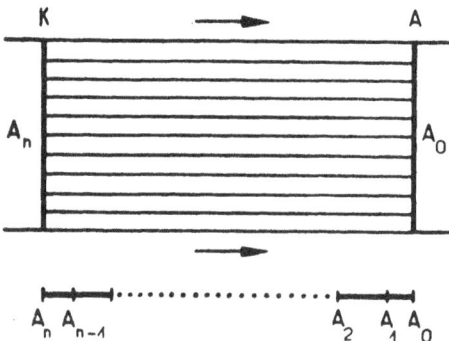

Homogenes Strömungsfeld.

– 138 –

Feld heißt homogen. Wir müssen uns vorstellen, daß in einem solchen die Stromlinien alle parallel laufen und zwar in der Richtung des konstanten Spannungsgefälles. Ein Strömungsfeld, in dem die Feldlinien nicht parallel laufen, ist inhomogen. In ihm sind Stromdichte oder Spannungsgefälle von Ort zu Ort verschieden. Das Strömungsfeld der Abbildung 137 wird inhomogen, wenn wir die eine Platte durch einen schmalen Kupferstreifen ersetzen. Mittels der Sonden läßt sich nachweisen, daß das Spannungsgefälle in der Nähe der Platte kleiner ist als in der Nähe des Streifens. Strömungsfelder lassen sich nicht so leicht physikalisch veranschaulichen wie magnetische Felder, die Abbildungen 138 und 139 sollen einen ungefähren Begriff von einem homogenen und einem inhomogenen Strömungsfeld geben. Abbildung 138 stellt einen Achsenschnitt durch ein walzenförmiges Strömungs-

feld zwischen den Querschnitten K und A dar, Abbildung 139 den entsprechenden Schnitt durch einen Leiter, der sich zwischen K und A in Form eines abgestumpften Kegels verengt.

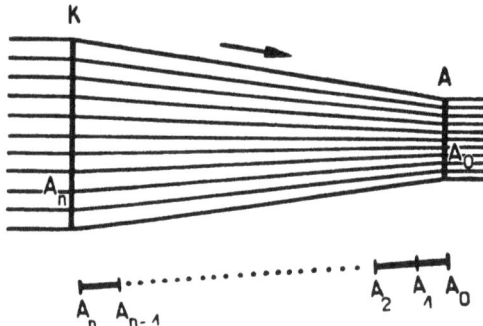

Wir greifen in Abbildung 138 eine Strömungslinie $A_0 A_n$ heraus und teilen sie durch die

Inhomogenes Strömungsfeld.

— 139 —

Punkte $A_1, A_2, A_3 \ldots \ldots A_{n-1}$ in n Teile $s_1, s_2, \ldots s_n$. Das Spannungsgefälle zwischen den aufeinanderfolgenden Teilpunkten sei $\mathfrak{C}_1, \mathfrak{C}_2, \mathfrak{C}_3, \mathfrak{C}_4, \ldots \mathfrak{C}_n$. Nach der Definition des Spannungsgefälles ist dann der Spannungsunterschied zwischen

$$A_0 \text{ und } A_1 \quad \mathfrak{C}_1 . s_1$$
$$A_1 \text{ und } A_2 \quad \mathfrak{C}_2 . s_2$$
$$\cdot \qquad \qquad \cdot$$
$$\cdot \qquad \qquad \cdot$$
$$\cdot \qquad \qquad \cdot$$
$$A_{n-1} \text{ und } A_n \quad \mathfrak{C}_n . s_n.$$

Die Summe dieser einzelnen „Spannungsschritte" gibt die Gesamtspannungsdifferenz zwischen K und A

$$\Delta E = \mathfrak{C}_1 . s_1 + \mathfrak{C}_2 . s_2 + \mathfrak{C}_3 . s_3 \ldots \ldots + \mathfrak{C}_n . s_n = \Sigma \mathfrak{C}_k . s_k.$$

Im homogenen Feld der Abbildung 134 ist diese Summation einfach auszuführen, da das Spannungsgefälle überall dasselbe ist. Wir finden als „Liniensumme des Spannungsgefälles" oder Spannungsdifferenz zwischen K und A:

$$\Delta E = \mathfrak{E} \cdot d \quad \text{(d ist der Abstand von K und A)}$$

Im homogenen Feld der Abbildung 139 sind Strömungs-dichte und Spannungsgefälle von Punkt zu Punkt verschieden. In diesem Falle haben wir ein „Integralproblem", dessen Lösung auf folgendem Verfahren beruht: Als Spannungsgefälle längs der Strecke $A_{k-1} A_k$ (k = 1, 2 .. n) nehmen wir einen mittleren Wert $\mathfrak{E}_k$ zwischen dem Spannungsgefälle bei A_{k-1} und dem bei A_k, diesen multiplizieren wir mit dem „Linienelement" s_k und bilden die Summe aller so entstehenden Produkte; dann gehen wir zum Grenzwert über, d. h. wir lassen n über alle Grenzen wachsen, während sich die s_k der Null nähern. Die strenge Behandlung dieser Aufgabe im Einzelfalle überlassen wir der Mathematik, die zu diesem Zweck besondere Verfahren entwickelt hat.

Um noch ein Beispiel zu geben, schalten wir hintereinander drei Leiter von verschiedener Länge l_1, l_2, l_3 und verschiedener

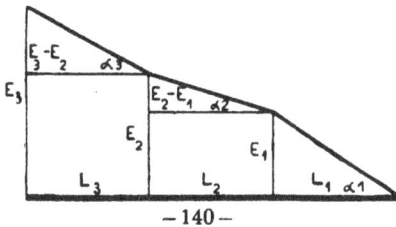

−140−

spezifischer Leitfähigkeit $\varkappa_1$, $\varkappa_2$, $\varkappa_3$, aber gleichem Querschnitt. Dann ist die Stromdichte in allen drei Leitern dieselbe. Das Strömungsfeld in jedem ein-zelnen ist homogen, das der drei Leiter als Ganzes betrachtet ist inhomogen, da das Spannungs-gefälle von Leiter zu Leiter verschieden ist. Den Spannungsabfall stellt Abbildung 140 dar.

$$\mathfrak{E}_1 = \operatorname{tg} \alpha_1; \quad \mathfrak{E}_2 = \operatorname{tg} \alpha_2; \quad \mathfrak{E}_3 = \operatorname{tg} \alpha_3.$$

Das Spannungsgefälle ist hier nur abhängig vom spezifischen Widerstand. Die Abbildung macht die Gleichung

$$\Delta E = l_1 \operatorname{tg} \alpha_1 + l_2 \operatorname{tg} \alpha_2 + l_3 \operatorname{tg} \alpha_3 = \mathfrak{E}_1 s_1 + \mathfrak{E}_2 s_2 + \mathfrak{E}_3 s_3$$

unmittelbar anschaulich.

§ 28. Rückblick und Zusammenfassung.

Am Ende dieses Abschnittes werfen wir einen Blick auf den Weg, den wir bisher gegangen sind. Wir haben zunächst die Bedingungen aufgestellt, unter denen ein elektrischer Strom zustande kommt. Dabei ergab sich der neue Begriff der Spannung. Als Träger der elektrischen Erscheinungen führten wir die „Elektronen" ein, ohne zunächst darzulegen, worauf sich unsere Berechtigung gründet, einen atomistischen Aufbau der Elektrizität anzunehmen. Das werden wir an geeigneter Stelle nachholen. Unsere „Parallelversuche" gaben uns ein grobes Bild von den Vorgängen im stromdurchflossenen Leiter. Zwischen den Metallatomen im Leiter bewegen sich die Elektronen hindurch, wie die Gasteilchen zwischen den Sandkörnern. Diese Vorstellung genügt für den Anfänger vollkommen, bedarf aber später noch sorgfältiger Ergänzung; insbesondere müssen wir den abweichenden Leitungsvorgang im Elektrolyt noch eingehend betrachten.

Die elektrischen Erscheinungen im Leiter wurden dann der der Messung unterworfen, und wir lernten Spannung und Stromstärke durch die Maßeinheiten Volt und Ampere ausdrücken. Die Frage nach dem Zusammenhang zwischen Spannung und Stromstärke ergab den Einfluß des Leiters auf die Stromstärke in Form des Ohmschen als eines grundlegenden Gesetzes für die fließende Elektrizität und den Begriff des Widerstandes als einer meßbaren Leitereigenschaft. Den Schluß bildete der Begriff „Strömungsfeld" mit den Größen „Spannungsgefälle" und „Stromdichte".

Wir stellen noch einmal die wichtigsten Bezeichnungen und Formeln zusammen.

Größe	Bezeichnung	Benennung
1. Spannung der Erde	0	Volt
2. Spannung	E	Volt
3. Spannungsunterschied	$\Delta E = E_2 - E_1$	Volt
4. Stromstärke	J	Ampere
5. Widerstand	$R = \dfrac{\Delta E}{J}$	Volt/Ampere oder Ohm
6. Leitwert	$G = \dfrac{1}{R} = \dfrac{J}{\Delta E}$	Ampere/Volt

7. Spezifischer Widerstand $\qquad \rho = \dfrac{R \cdot q}{l}$ $\qquad$ Volt cm/Ampere
$\qquad$ oder Ohm cm

8. Spezifische Leitfähigkeit $\qquad \varkappa = \dfrac{1}{\rho}$ $\qquad$ Ampere/Volt cm

9. Spannungsgefälle $\qquad \mathfrak{E} = \dfrac{\Delta E}{l}$ $\qquad$ Volt/cm

10. Stromdichte $\qquad \mathfrak{S} = \dfrac{J}{q} = \varkappa \cdot \mathfrak{E}$ $\quad$ Ampere/cm^2

11. Liniensumme des Spannungsgefälles

$$\Sigma \, \mathfrak{E}_k \cdot s_k = \mathfrak{E}_1 \cdot s_1 + \mathfrak{E}_2 \cdot s_2 \ldots \ldots + \mathfrak{E}_n \cdot s_n = \Delta E \ \text{Volt}.$$

Sachverzeichnis.

www.ingramcontent.com/pod-product-compliance
Lightning Source LLC
Chambersburg PA
CBHW031450180326
41458CB00002B/722